FORSCHUNGSBERICHTE DES LANDES NORDRHEIN-WESTFALEN
Herausgegeben
im Auftrage des Ministerpräsidenten Dr. Franz Meyers
von Staatssekretär Professor Dr. h.c. Dr. E.h. Leo Brandt

DK 621.923.1
621.9.015

Nr. 965

Prof. Dr.-Ing. Dr. h. c. Herwart Opitz

Dipl.-Ing. Helmut Frank

Laboratorium für Werkzeugmaschinen und Betriebslehre
an der Technischen Hochschule Aachen

Richtwerte für das Außenrundschleifen

Als Manuskript gedruckt

WESTDEUTSCHER VERLAG / KÖLN UND OPLADEN

1961

ISBN 978-3-663-04114-6 ISBN 978-3-663-05560-0 (eBook)
DOI 10.1007/978-3-663-05560-0

Gliederung

1. Einleitung .... S. 5
   - 1.1 Bewertungsgrößen für den Schleifvorgang .... S. 5
   - 1.2 Einflußgrößen beim Außenrundschleifen .... S. 5

2. Außenrund- Längs- und Einstechschleifen von Baustählen .. S. 8
   - 2.1 Versuchsumfang .... S. 8
   - 2.2 Versuchsdurchführung .... S. 9
   - 2.3 Versuchsergebnisse .... S. 9
     - 2.31 Die Werkstückrauhtiefe .... S. 9
       - 2.311 Einfluß der Abrichtbedingungen .... S. 13
       - 2.312 Einfluß der Einstellbedingungen ...... S. 14
       - 2.313 Einfluß der Schleifscheibe .... S. 18
       - 2.314 Einfluß des Kühlmittels und des Werkstoffes S. 20
       - 2.315 Einfluß des Ausfunkens .... S. 21
     - 2.32 Der Schleifscheibenverschleiß .... S. 26
       - 2.321 Einfluß der Einstellbedingungen ...... S. 30
       - 2.322 Einfluß der Schleifscheibe .... S. 32
       - 2.323 Einfluß des Kühlmittels und des Werkstoffes S. 33
     - 2.33 Die Standzeit der Schleifscheibe .... S. 34
       - 2.331 Einfluß der Einstellbedingungen ...... S. 35
       - 2.332 Einfluß der Schleifscheibe .... S. 37
       - 2.333 Einfluß des Kühlmittels und des Werkstoffes S. 38
   - 2.4 Kostenvergleich beim Einstechschleifen .... S. 38

3. Außenrund- Einstechschleifen von hochwarmfesten Werkstoffen .... S. 44
   - 3.1 Versuchsumfang und Versuchsdurchführung .... S. 45
   - 3.2 Versuchsergebnisse .... S. 47
     - 3.21 Die Werkstückrauhtiefe .... S. 47
     - 3.22 Der Schleifscheibenverschleiß .... S. 49

4. Richtwerte für das Außenrundschleifen .... S. 50
   - 4.1 Einstechschleifen von Ck 45 N .... S. 52
   - 4.2 Einstechschleifen von 16 Mn Cr 5 und 30 Cr Ni Mo 8 .. S. 55
   - 4.3 Längsschleifen von Ck 45 N .... S. 55
   - 4.4 Einstechschleifen von hochwarmfesten Werkstoffen ... S. 56
   - 4.5 Richtwerttafeln .... S. 57

5. Zusammenfassung . . . . S. 73

6. Verzeichnis der Formelzeichen . . . . S. 75

7. Literaturverzeichnis . . . . S. 77

1. Einleitung

Mit den allgemein steigenden Anforderungen an die Werkstückgüte haben die Feinbearbeitungsverfahren und damit auch das Schleifen eine wachsende Bedeutung erlangt. Daher sind in den letzten Jahren zahlreiche Untersuchungen bekannt geworden, die sich mit den Gesetzmäßigkeiten beim Schleifen und seiner wirtschaftlichen Anwendung befassen. Außer einer Übersicht des AWF [1] und einigen Gebrauchstafeln des REFA, Stuttgart, [2] lagen für das Schleifen jedoch bisher keine geeigneten Arbeitsunterlagen für die Praxis vor, wie sie zum Beispiel in Form von Richtwerten für das Drehen schon seit langem bekannt sind.

Aufbauend auf umfangreichen früheren Untersuchungen wurden daher im Laboratorium für Werkzeugmaschinen und Betriebslehre der Technischen Hochschule Aachen Versuche beim Außenrund-Längs- und Einstechschleifen durchgeführt mit dem Ziel, Richtwerte über erzielbare Werkstückgüten und wirtschaftliche Schleifbedingungen für verschiedene Werkstoffe zu ermitteln. Diese Arbeiten fanden die Unterstützung des Verbandes Deutscher Schleifmittelhersteller und des Wirtschafts- und Verkehrsministeriums des Landes Nordrhein-Westfalen. Die ersten Ergebnisse sind in dem Forschungsbericht Nr. 324 [3] veröffentlicht worden. Im vorliegenden Bericht erfolgt eine zusammenfassende Darstellung aller bisher durchgeführten Untersuchungen sowie die Aufzeichnung der wichtigsten Abhängigkeiten. Schließlich sind die Versuchsergebnisse in Form von Richtwerttafeln für die Praxis zusammengestellt worden.

1.1 Bewertungsgrößen für den Schleifvorgang

Als Bewertungsgrößen für den Schleifvorgang wurden die Oberflächengüte der Werkstücke, der Schleifscheibenverschleiß und das Standzeitverhalten der Schleifscheibe in Abhängigkeit von den Schleifbedingungen bestimmt. Mit Hilfe dieser Größen wird die Schleifbarkeit eines Werkstoffes hinlänglich umrissen. Die Oberflächengüte kann als Maß für die Werkstückqualität gewertet werden. Verschleiß und Standzeit der Schleifscheibe gehen als veränderliche Faktoren in eine Kostenrechnung ein, durch die eine Ermittlung der kostengünstigen Schleifbedingungen möglich ist.

1.2 Einflußgrößen beim Außenrundschleifen

Schleifvorgang und Schleifergebnis werden einmal durch den Werkstoff, zum anderen durch den Aufbau der Schleifscheibe, wie Schleifmittel,

Härte, Körnung, ferner durch die Abrichtbedingungen und die Kühlung und nicht zuletzt durch die Einstellbedingungen an der Maschine beeinflußt. Die Einstellwerte bestimmen die Eingriffsverhältnisse beim Schleifen und sind maßgebend für die Zerspanleistung Z. Die Zerspanleistung gibt das in der Zeiteinheit zerspante Werkstoffvolumen an: $Z \left(\frac{mm^3}{s}\right)$; sie wird beim Einstechschleifen zweckmäßig auf 1 mm Schleifbreite bezogen: $Z' \left(\frac{mm^3}{mm \cdot s}\right)$.

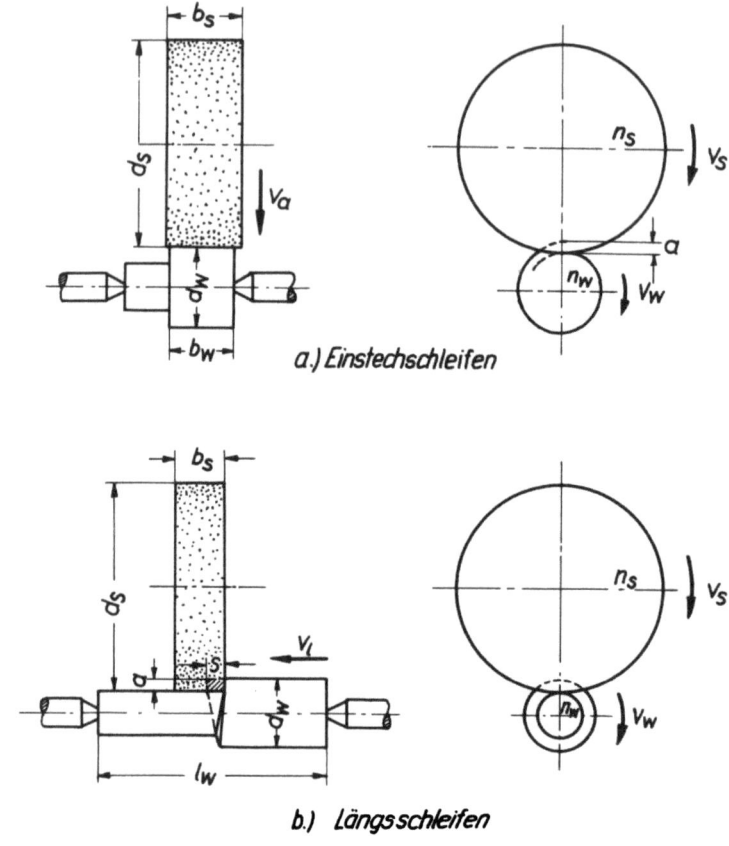

Abbildung 1

Bewegungs- und Einstellgrößen beim Außenrundschleifen

Im folgenden soll auf den Zusammenhang zwischen der Zerspanleistung und den Einstellgrößen beim Außenrund-Längs- und Einstechschleifen eingegangen werden. Abbildung 1 stellt die Bewegungsverhältnisse für beide Schleifverfahren dar.

Beim Rundschleifen läuft die Schleifscheibe mit der Geschwindigkeit v_s (m/s) entgegen der Werkstückgeschwindigkeit v_w (m/min) um. Beim Einstechschleifen erfolgt die Zustellung der Schleifscheibe meist kontinuierlich mit der Einstechgeschwindigkeit v_a (mm/min). Aus Einstechgeschwindigkeit und Werkstückdrehzahl ergibt sich die Zustellung a je Werkstückumdrehung:

$$a = \frac{v_a}{n_w} \cdot 1000 \ [\mu m/U]. \tag{1}$$

Die Zerspanleistung beim Einstechschleifen, bezogen auf eine Schleifbreite von 1 mm, ist:

$$Z' = \frac{a \cdot v_w}{60} \left[\frac{mm^3}{mm \cdot s}\right]. \tag{2}$$

Diese Formel enthält aber nur die Werkstückgeschwindigkeit als direkt einstellbare Maschinengröße, während die Zustellung a nach (1) eine abgeleitete Größe ist. Aus den Formeln (1) und (2) erhält man für die Zerspanleistung:

$$Z' = \frac{v_a \cdot d_w \cdot \pi}{60} \left[\frac{mm^3}{mm \cdot s}\right]. \tag{3}$$

Die Zerspanleistung wird also bei gegebenem Werkstückdurchmesser d_w allein durch die Einstechgeschwindigkeit bestimmt. Bei konstanter Einstechgeschwindigkeit bewirkt eine Änderung der Werkstückgeschwindigkeit keine Änderung der Zerspanleistung.

Beim Längsschleifen bewegt sich die Schleifscheibe in Achsrichtung des Werkstückes mit der Tischgeschwindigkeit v_l (m/min), die Zustellung a (μm/H) erfolgt an den Hubenden. In der Praxis wird die Längsbewegung umgesteuert, wenn die Schleifscheibe mit halber Breite über das Werkstück hinausragt. Die gesamte Längsbewegung ist dann gleich der Werkstücklänge l_w. Aus Tischgeschwindigkeit und Werkstückdrehzahl n_w (U/min) ergibt sich der Vorschub s pro Werkstückumdrehung:

$$s = \frac{v_l}{n_w} \cdot 1000 \ [mm/U] \tag{4}$$

Die Zerspanleistung beim Längsschleifen ist dann:

$$Z = \frac{a \cdot s \cdot v_w}{60} \left[\frac{mm^3}{s}\right]. \tag{5}$$

Diese Formel enthält aber mit dem Vorschub s wiederum eine abgeleitete Einstellgröße. Aus den Formeln (4) und (5) ergibt sich für die Zerspanleistung:

$$Z = \frac{a \cdot v_l \cdot d_w \cdot \pi}{60} \left[\frac{mm^3}{s}\right]. \qquad (6)$$

Die Zerspanleistung ist also beim Längsschleifen bei gegebenem Werkstückdurchmesser von der Zustellung und der Tischgeschwindigkeit, nicht aber von der Werkstückgeschwindigkeit v_w abhängig. Es sei hier erwähnt, daß die Zerspanleistung beim Längsschleifen nicht auf die Breite der Schleifscheibe bezogen wird.

Als weitere Einflußgröße kommt beim Längsschleifen die Überschliffzahl u hinzu. Sie gibt an, wie oft ein Punkt der Werkstückoberfläche von der Schleifscheibe überschliffen wird.

$$u = \frac{b_s}{s} = \frac{b_s \cdot n_w}{v_l \cdot 1000} \qquad (7)$$

Eine Änderung der Überschliffzahl kann durch die drei Faktoren Schleifscheibenbreite, Werkstückdrehzahl und Tischgeschwindigkeit erfolgen. Dabei ist zu berücksichtigen, daß eine Änderung der Überschliffzahl durch die Tischgeschwindigkeit gleichzeitig eine Änderung der Zerspanleistung zur Folge hat. Nach den dargestellten Beziehungen besteht zwischen der Schleifscheibengeschwindigkeit und der Zerspanleistung kein Zusammenhang.

Neben den erwähnten Zerspanungsgrößen können weiter die verwendete Schleifmaschine und vor allem der inhomogene Aufbau der Schleifscheibe einen Einfluß auf den Schleifvorgang ausüben. Diese Größen sind nicht direkt zu erfassen und sind zum großen Teil die Ursache für die Streuungen der Versuchsergebnisse.

2. Außenrund-Längs- und Einstechschleifen von Baustählen

2.1 Versuchsumfang

Wegen der zahlreichen Einflußgrößen konnte für das Längs- und Einstechschleifen eine systematische Variation der Schleifbedingungen vorerst nur für den Stahl Ck 45 (normalisiert) erfolgen.

In dem ersten Versuchsprogramm wurde für das Längs- und Einstechschleifen von Ck 45 N der Einfluß der Schleifscheibenhärten K, L, M, N (Körnung 60), der Kühlung und der Einstellbedingungen auf das Schleifergebnis untersucht. Umfang und Durchführung dieses Programmes sind im Forschungsbericht Nr. 324 dargestellt [3].

Das zweite Versuchsprogramm umfaßte für das Einstechschleifen von CK 45 N den Einfluß der Schleifscheibenkörnung, des Werkstückdurchmessers und des Ausfunkens bei Variation der Einstellbedingungen. Weiter wurden Versuche beim Längsschleifen von Ck 45 N und beim Einstechschleifen der Stähle 16 Mn Cr 5 (gehärtet) und 30 Cr Ni Mo 8 (vergütet) durchgeführt. Tabelle 1 gibt einen Überblick über den Umfang dieser Untersuchungen.

2.2 Versuchsdurchführung

Sämtliche Versuche wurden auf einer Rundschleifmaschine Fortuna USE 1000 durchgeführt. Die Schleifspindel- und Werkstückdrehzahl, die Tischgeschwindigkeit und die Einstechgeschwindigkeit waren stufenlos einstellbar. Die Werkstücke, mit Ausnahme der Schleifproben von 20 mm Durchmesser, wurden auf Dornen aufgenommen. Die Schleifscheiben wurden statisch ausgewuchtet. Der Abrichtvorschub betrug s_A = 0,08 mm/U. Die Gesamtzustellung des Diamanten beim Abrichten entsprach für die verschiedenen Schleifscheibenkörnungen etwa der mittleren Korngröße; die Abrichtzustellung für die letzten beiden Hübe betrug a_A = 0,02 mm. Als Kühlmittel wurde Emulsion Fabrikat "Oemeta" im Mischungsverhältnis 1 : 60 verwendet.

Bei den Versuchen wurde eine Reihe von Schleifproben gleichen Durchmessers mit einer konstanten Schleifzugabe von δ = 0,5 mm nacheinander geschliffen. Die Ermittlung der Oberflächengüte und des Schleifscheibenverschleißes erfolgte nach Erreichen bestimmter zerspanter Volumina. Die Versuche wurden so lange ausgedehnt, bis auftretende Rattererscheinungen ein Weiterschleifen unmöglich machten. Es wurde der Zeitpunkt festgehalten, bei dem das erste Rattern auftrat und Rattermarken auf der Werkstückoberfläche sichtbar wurden. Ferner wurde die Leistungsaufnahme des Schleifspindelmotors beim Schleifen ermittelt.

2.3 Versuchsergebnisse

2.31 Die Werkstückrauhtiefe

Als Kennwert für die Werkstückqualität wurde die Querrauhtiefe, d.h. die Rauhtiefe senkrecht zur Schnittrichtung, ermittelt. Darüber hinaus müssen zur Beurteilung der Werkstückgüte gegebenenfalls auch die weiteren geometrischen Toleranzen: Form, Maß und Lage berücksichtigt werden. Dabei sei auf Untersuchungen über die Form- und Maßgenauigkeit beim Außenrundschleifen hingewiesen [4, 5].

T a b e l l e 1

Versuchsprogramm für das Außenrundschleifen von Baustählen

a) Einstechschleifen

Werkstoff	Schleifscheibe	d_s [mm]	v_s [m/s]	b_w [mm]	d_w [mm]	Z' [mm³/mm·s]	v_w [m/min]	Versuche mit Ausfunken t_a [s]
Ck 45 normalisiert; σ_B = 65 kg/mm²	NK 220-K8	400	28	36	40;80	0,1;0,2;0,4	4,5;9;18	4;8;16
	NK 120-K8		28		40;80	0,1;0,2;0,4;0,8	4,5;9;18	4;8;16;32
	NK 60-K5		20;28;36		20;40;80;160	0,4;0,8;1,6;3,2	4,5;9;18;36	4;8;16;32;64
	NK 36-K5		28		40;80	0,8;1,6;3,2;6,4	9;18;36	–
	NK 24-K5		28		40;80	1,6;3,2;6,4	18;36	–
16 Mn Cr 5, einsatzgehärtet; HR_c = 58 kg/mm²	NK 60-L5	400	28	15	72	0,75;1;1,5;2	12 und 24	–
30 Cr Ni Mo 8, vergütet; σ_B = 120 kg/mm²								

b) Längsschleifen

Werkstoff	Schleifscheibe	b_s [mm]	d_s [mm]	l_w [mm]	d_w [mm]	Z [mm³/s]	v_l [m/min]	v_w [m/min]	b_s/s
Ck 45 normalisiert σ_B = 65 kg/mm²	NK 60-K5	80	400	100	40	5,6;11,2;22,5;45;90	0,55;1,1;2,2;4,4	4,5;9;18;36	2,5;5
					160	11,2;22,5;45;90	0,27;0,55;1,1	9;18;36	5

Von den verschiedenen bekannten Oberflächen-Maßzahlen [6] wurde die Rauhtiefe R (früher als maximale Rauhtiefe bezeichnet) nach DIN 4762 ermittelt. Ferner wurde der arithmetische Mittenrauhwert R_a (CLA) bestimmt, da er weitgehend unabhängig von Ablesefehlern ist und eine zunehmende Verbreitung findet. Als Oberflächenmeßgerät wurde das Perthometer verwendet. In den früheren Untersuchungen wurde der Rauhtester nach Leitz eingesetzt, bei dem ein mittlerer Rauhtiefenwert abgelesen wurde. Ein späterer Vergleich der Meßergebnisse zeigte, daß die mit dem Rauhtester ermittelten Rauhtiefen um 40 % kleiner als die Anzeigewerte des Perthometers waren. Deshalb wurden die mit dem Rauhtester gemessenen Werte entsprechend umgerechnet. Soweit diese Ergebnisse im vorliegenden Bericht verwendet werden, ist das in den betreffenden Diagrammen angegeben.

Wie groß die Streuungen sind, die bekanntlich bei Rauhtiefenmessungen auftreten und inwieweit von einer Reproduzierbarkeit der Meßergebnisse gesprochen werden kann, soll im folgenden kurz dargestellt werden.

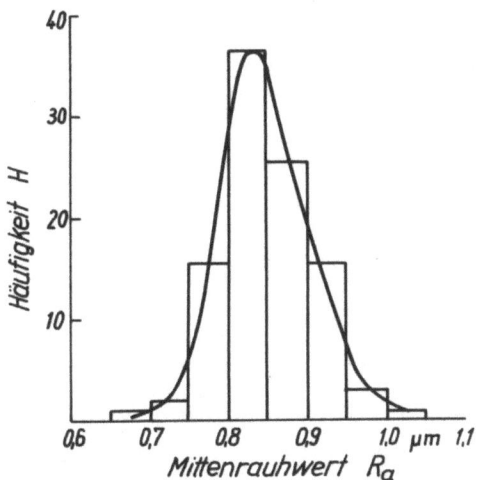

A b b i l d u n g   2

Häufigkeitsverteilung der arithmetischen Mittenrauhwerte
für ein Werkstück beim Einstechschleifen von Ck 45 N
Schleifscheibe NK 60 - K5; d_s = 400 mm; v_s = 28 m/s; d_w = 80 mm;
b_w = 36 mm; Z' = 1,6 $\frac{mm^3}{mm \cdot s}$; v_w = 18 m/min; Emulsion 1 : 60

Abbildung 2 zeigt die Häufigkeitsverteilung von 100 Ra-Werten für ein Werkstück, das beim Einstechschleifen bearbeitet wurde. Das Bild läßt annähernd eine GAUSSsche Normalverteilung erkennen mit einer Variationsbreite von 0,65 bis 1,05 µm. Der Mittelwert liegt bei R_a = 0,85 µm, der Variationskoeffizient beträgt ± 7,5 %. Hieraus ergibt sich die Tatsache, daß erst bei einer entsprechenden Anzahl von Meßpunkten an einem Werkstück die Oberflächengüte mit genügender Sicherheit bestimmt werden kann. Da es in der Praxis und auch in der laboratoriumsmäßigen Versuchsdurchführung zu weit führen würde, für jeden Versuchspunkt eine Häufigkeitsverteilung aufzustellen, muß bei einer Angabe oder einem Vergleich von Rauhtiefenkennwerten diese Streuung vor allen Dingen berücksichtigt werden. In den folgenden Untersuchungen stellt jeder Rauhtiefenwert einen Mittelwert aus sechs Messungen am Umfang eines Werkstückes dar.

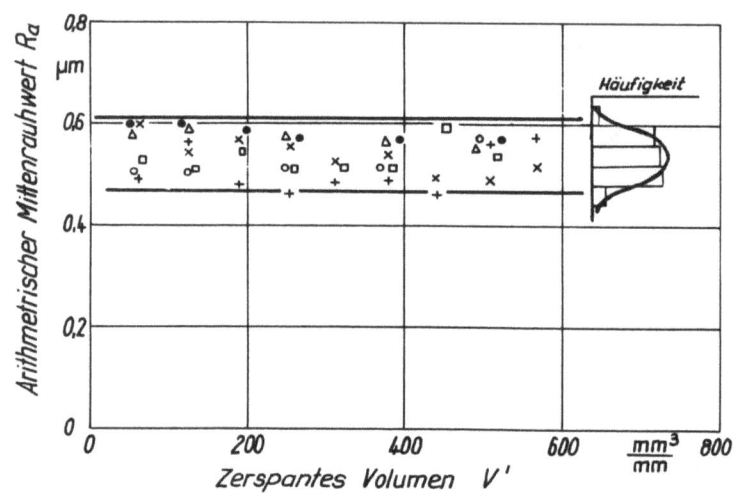

A b b i l d u n g   3

Reproduzierbarkeit der Oberflächengüte beim
Einstechschleifen von Ck 45 N

Schleifscheibe NK 60 - K5; d_s = 400 mm; v_s = 28 m/s; d_w = 80 mm;
b_w = 36 mm; Z' = 0,8 $\frac{mm^3}{mm \cdot s}$; v_w = 18 m/min; Emulsion 1 : 60

Über die Reproduzierbarkeit der Versuchsergebnisse gibt Abbildung 3 Aufschluß. Hier sind die Ergebnisse aus sechs Vergleichsversuchen dargestellt, die unter gleichen Schleifbedingungen durchgeführt wurden. Es ergab sich eine Variationsbreite von ± 15 %. Die in dieser Darstellung auftretende Streuung stellt die Größe der Gesamtstreuung dar, die bei der Wiederholung von Versuchen auftreten kann. Voraussetzung hierbei ist aber noch, daß die Versuche auf derselben Schleifmaschine durchgeführt werden.

Wie oben erwähnt, wurden mit dem Perthometer die Rauhtiefenkennzahlen R und R_a gemessen. Anhand der Versuchsergebnisse zeigte sich, daß für beide

Maßzahlen die gleichen Abhängigkeiten von den Schleifbedingungen bestehen. Aus den zahlreichen Meßwerten wurde das Verhältnis R : R_a gebildet, und eine statistische Auswertung ergab im Mittel $\frac{R}{R_a}$ = 5,3. Dieser Quotient wurde unabhängig von den Schleifbedingungen und der Größe der Rauhtiefe gefunden. Aus diesem Grunde wurde davon Abstand genommen, die Abhängigkeiten für beide Maßzahlen darzustellen. Für alle Diagramme wurde die Rauhtiefe R gewählt, da sie bei den früheren Untersuchungen allein bestimmt wurde und in Deutschland noch am häufigsten zur Angabe der Oberflächengüte verwendet wird. Der Maßstab für die Rauhtiefen-Koordinate wurde geometrisch gestuft. Dies erscheint deshalb sinnvoll, weil eine Änderung der Rauhtiefe um den gleichen Betrag bei kleinen Rauhtiefen mehr ins Gewicht fällt als bei größeren Rauhtiefen. Bei geometrischer Stufung ergibt sich in einem Diagramm bei prozentual gleicher Rauhtiefenänderung stets der gleiche Abstand zwischen den Werten, was den tatsächlichen Verhältnissen am besten entspricht, da der Variationskoeffizient über dem gesamten Rauhtiefenbereich annähernd konstant ist.

2.311 Einfluß der Abrichtbedingungen

Durch das Abrichten erhält die Schleifscheibe ihre Form und ihre Schneidfähigkeit, die je nach Wahl der Abrichtbedingungen sehr unterschiedlich sein kann. Der entsprechende Oberflächenzustand der Schleifscheibe bestimmt dann weitgehend die Oberflächengüte der Werkstücke [7, 8].

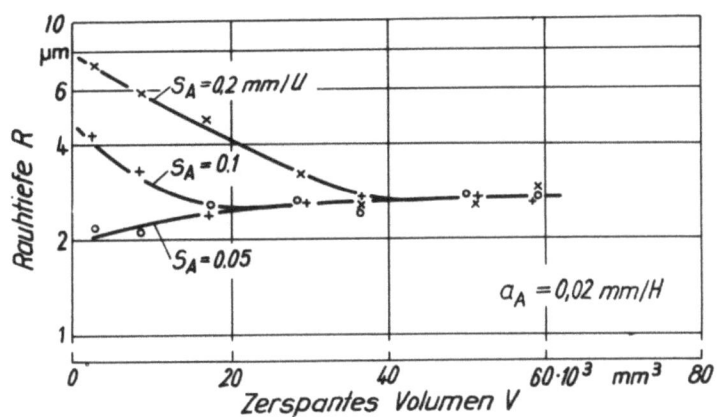

A b b i l d u n g   4

Einfluß der Abrichtbedingungen auf den Rauhtiefenverlauf
beim Längsschleifen von Ck 45 N

Schleifscheibe EK 60 - N 5; 400 ∅ x 25 mm; v_s = 28 m/s;
d_w = 80 mm; l_w = 100 mm; Z = 20 $\frac{mm^3}{s}$; v_l = 1 m/min; a = 5 μm/H;
v_w = 18 m/min; b_s/s = 1,8; Emulsion 1 : 60

Abbildung 4 läßt erkennen, daß die Rauhtiefe beim Längsschleifen bei großem Abrichtvorschub von hohen Werten mit zunehmendem zerspantem Volumen abfällt. Die Anfangsrauhtiefe ist umso geringer, je kleiner der Abrichtvorschub gewählt wird. Im weiteren Verlauf des Schleifvorgangs ist kein Einfluß des Abrichtens auf die Rauhtiefe mehr zu erkennen. Die Abrichtbedingungen bestimmen somit vor allem die Anfangsrauhtiefen. Beim Einstechschleifen wurde ein ähnlicher Rauhtiefenverlauf in Abhängigkeit von dem Abrichtvorschub gefunden [8].

2.312 Einfluß der Einstellbedingungen

Wie sich die Zerspanleistung auf die Rauhtiefe und ihren zeitlichen Verlauf beim Einstechschleifen mit der Schleifscheibe NK 60-K5 auswirkt, zeigt Abbildung 5. Eine Vergrößerung der Zerspanleistung, bewirkt durch

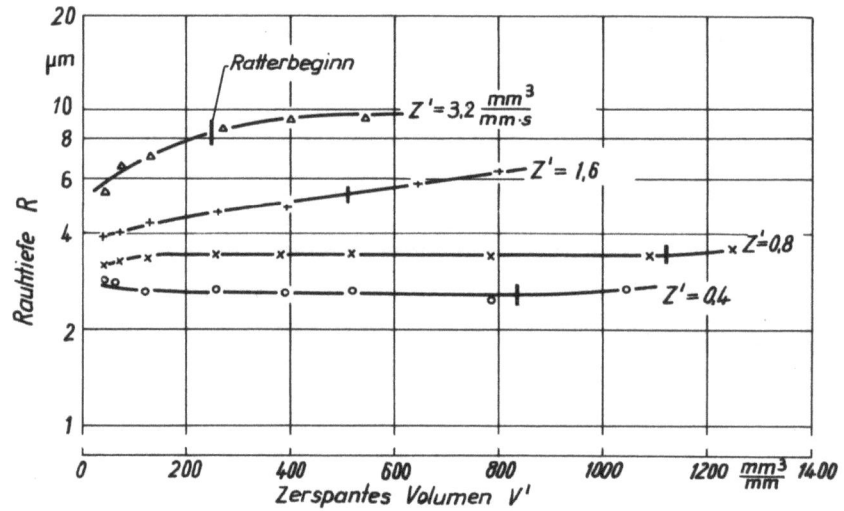

A b b i l d u n g 5

Rauhtiefenverlauf für verschiedene Zerspanleistungen beim
Einstechschleifen von Ck 45 N

Schleifscheibe NK 60 - K 5; d_s = 400 mm; v_s = 28 m/s; d_w = 40 mm;
b_w = 36 mm; v_w = 18 m/min; Emulsion 1 : 60

eine Vergrößerung der Einstechgeschwindigkeit, hat in jedem Falle eine Erhöhung der Rauhtiefe zur Folge. Bei Zerspanleistungen oberhalb von $Z' = 0,8 \frac{mm^3}{mm \cdot s}$ tritt ferner eine Erhöhung der Rauhtiefe in Abhängigkeit vom zerspanten Volumen auf. Hierbei ist aber zu beachten, daß bei kleinen Zerspanleistungen die Rauhtiefe nach Beginn des Ratterns zunimmt. (Der Ratterbeginn ist durch senkrechte Striche gekennzeichnet.)

Dieser Bereich dürfte aber für die Praxis infolge des schlechten Oberflächenbildes durch Rattermarken kaum von Bedeutung sein.

Abbildung 6 zeigt, daß auch beim Längsschleifen mit zunehmender Zerspanleistung die Rauhtiefe größer wird. Eine Abhängigkeit vom zerspanten Volumen trat bei den gewählten Schleifbedingungen jedoch nur in dem Bereich zu Beginn des Schleifvorganges und nach dem Rattern auf.

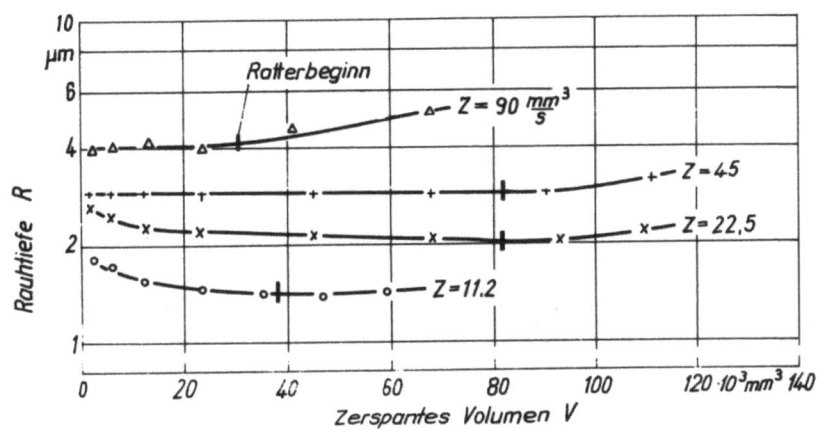

A b b i l d u n g   6

Rauhtiefenverlauf für verschiedene Zerspanleistungen beim Längsschleifen von Ck 45 N

Schleifscheibe NK 60 - K 5; 400 ⌀ x 80 mm; v_s = 28 m/s; d_w = 40 mm; l_w = 100 mm; v_l = 2,2 m/min; a = 2,5 ... 20 µm/H; v_w = 18 m/min; b_s/s = 5; Emulsion 1 : 60

Wegen der zeitlichen Abhängigkeit der Rauhtiefe wurde für das Einstechschleifen beim Vergleich der Rauhtiefenwerte für verschiedene Schleifbedingungen ein zerspantes Volumen von V' = 300 mm³/mm gewählt. Beim Längsschleifen wurden die Rauhtiefenwerte innerhalb des Beharrungsbereiches zum Vergleich herangezogen.

Wie sich der Werkstückdurchmesser beim Einstechschleifen bei konstanter Zerspanleistung auf die Rauhtiefe auswirkt, geht aus Abbildung 7 hervor. Hierbei wurde nach Formel (3) die Einstechgeschwindigkeit entsprechend dem Werkstückdurchmesser verändert. Während sich bei der geringen Zerspanleistung von Z' = 0,4 $\frac{mm^3}{mm \cdot s}$ praktisch kein Einfluß des Werkstückdurchmessers zeigte, ergaben sich bei der hohen Zerspanleistung von Z' = 3,2 $\frac{mm^3}{mm \cdot s}$ deutliche Unterschiede mit zunehmendem zerspanten Volumen. Die Zunahme der Rauhtiefe war umso größer, je kleiner der Werkstückdurchmesser war. Dieser unterschiedliche Rauhtiefenverlauf bei

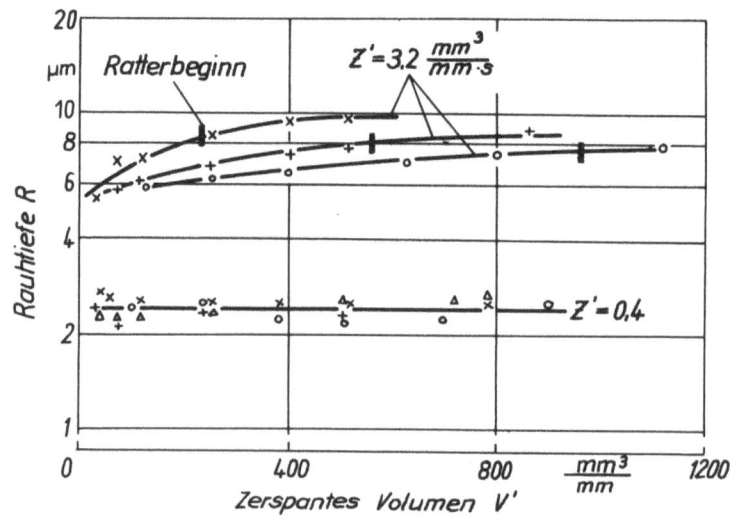

Abbildung 7

Rauhtiefenverlauf für verschiedene Werkstückdurchmesser

beim Einstechschleifen von Ck 45 N

Schleifscheibe NK 60 - K 5; d_s = 400 mm; v_s = 28 m/s; v_w = 18 m/min;
Emulsion 1 : 60

△——△ d_w = 20 mm; x——x d_w = 40 mm; +——+ d_w = 80 mm; o——o d_w = 160 mm

hohen Zerspanleistungen ist möglicherweise auf die verschieden große Stabilität der Werkstücke zurückzuführen.

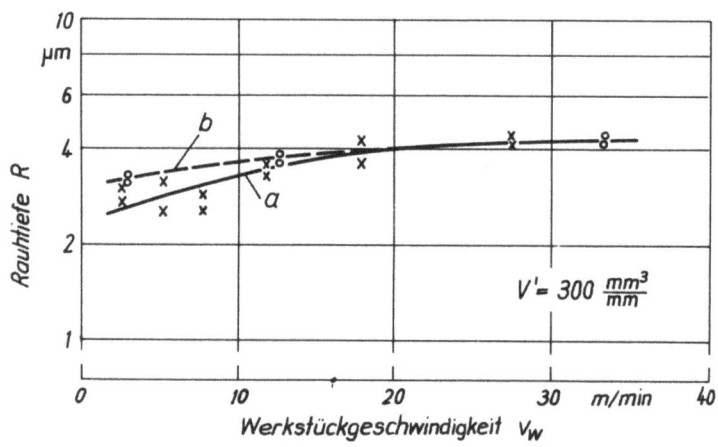

Abbildung 8

Einfluß der Werkstückgeschwindigkeit auf die Rauhtiefe

beim Einstechschleifen von Ck 45 N

d_s = 400; d_w = 40 mm; Z' = 0,8 $\frac{mm^3}{mm \cdot s}$; Emulsion

a) x——x Maschine MSO FH 200;   Scheibe EKw 60 - 1 K8; v_s = 30 m/s
b) o——o Maschine Fortuna USE 1000;   "   NK 60 - K 5; v_s = 28 m/s

Der Einfluß der Werkstückgeschwindigkeit wurde auf zwei verschiedenen Schleifmaschinen untersucht (Abb. 8). Bei einer Erhöhung der Werkstückgeschwindigkeit bei konstanter Zerspanleistung war eine geringe Rauhtiefenzunahme festzustellen. Abbildung 9 stellt die Abhängigkeit der Rauhtiefe von der Zerspanleistung für verschiedene Schleifscheibengeschwindigkeiten dar. Die Untersuchungen ergaben, daß die Rauhtiefe mit steigender Scheibengeschwindigkeit abnimmt. Die Unterschiede waren umso größer, je höher die Zerspanleistung gewählt wurde. Beim Längsschleifen ergaben sich hinsichtlich der Schleifscheibengeschwindigkeit die gleichen Tendenzen.

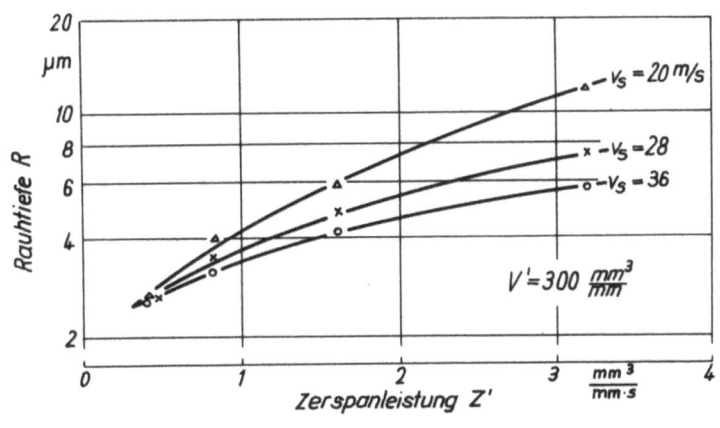

A b b i l d u n g   9

Rauhtiefe in Abhängigkeit von der Zerspanleistung und der Schleifscheibengeschwindigkeit beim Einstechschleifen von Ck 45 N

Schleifscheibe NK 60 - K 5; d_s = 400 mm; d_w = 40 mm; b_w = 36 mm; v_w = 18 m/min; Emulsion 1 : 60

Beim Längsschleifen stellte sich bei allen Versuchen heraus, daß die Zerspanleistung den größten Einfluß auf die Rauhtiefe ausübt, d.h., mit größerer Zerspanleistung nimmt die Rauhtiefe zu (Abb. 10). Dabei spielte es keine Rolle, durch welche Einstellgröße die Zerspanleistung geändert wurde, sei es durch die Zustellung, durch die Tischgeschwindigkeit oder durch den Werkstückdurchmesser. Eine Änderung der Werkstückgeschwindigkeit in dem Bereich von 4,5 bis 18 m/min und eine Änderung der Überschliffzahl von 2,5 auf 5 blieben ohne wesentlichen Einfluß auf die Rauhtiefe. Eine Rauhtiefenverbesserung läßt sich also beim Längsschleifen durch eine Verringerung der Zerspanleistung und durch eine Erhöhung der Scheibengeschwindigkeit erreichen.

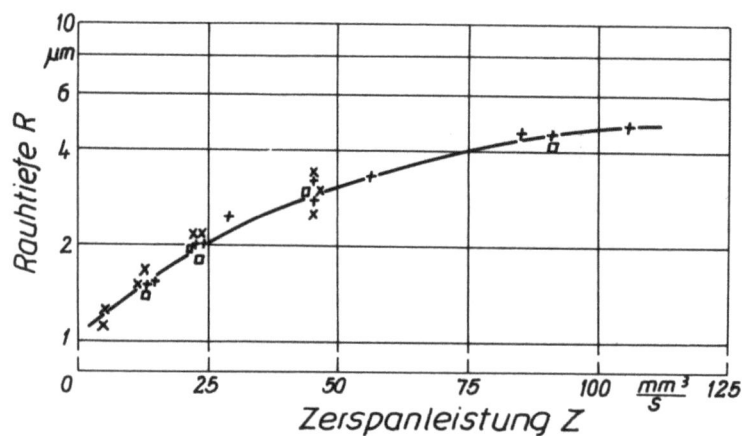

Abbildung 10

Rauhtiefe in Abhängigkeit von der Zerspanleistung beim
Längsschleifen von Ck 45 N

Schleifscheibe NK 60 - K 5; 400 Ø x 80 mm; v_s = 28 m/s; l_w = 100 mm;
v_l = 0,27 ... 4,4 m/min; a = 2,5 ... 20 µm/H; v_w = 4,5 ... 18 m/min;
+——+ d_w = 40 mm; b_s/s = 2,5
x——x d_w = 40 mm; b_s/s = 5
□——□ d_w =160 mm; b_s/s = 5

2.313 Einfluß der Schleifscheibe

Die Schleifscheibe kann auf Grund ihres Aufbaues im wesentlichen in ihrer Härte und ihrer Körnung verändert werden. Abbildung 11 gibt den

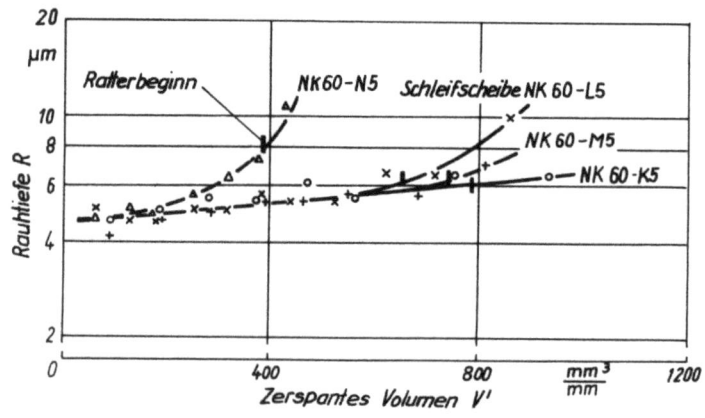

Abbildung 11

Einfluß der Schleifscheibenhärte auf den Rauhtiefenverlauf
beim Einstechschleifen von Ck 45 N

d_s = 400 mm; v_s = 28 m/s; d_w = 100 mm; b_w = 15 mm; Z' = 2 $\frac{mm^3}{mm \cdot s}$;
v_w = 15 m/min; Emulsion 1 : 60; (Rauhtiefenmessung mit dem Rauhtester)

zeitlichen Verlauf der Rauhtiefe beim Einstechschleifen für verschiedene Scheibenhärten wieder. Während die Schleifscheiben NK 60 K, L und M bis zum Beginn des Ratterns keine Unterschiede hinsichtlich der Rauhtiefe ergaben, zeigte die Schleifscheibe NK 60 -N5 bereits bei dem geringen zerspanten Volumen von $V' = 300 \frac{mm^3}{mm}$ einen deutlichen Rauhtiefenanstieg. Beim Längsschleifen wurden die geringsten Rauhtiefen mit der Schleifscheibe NK 60-L5 erzielt.

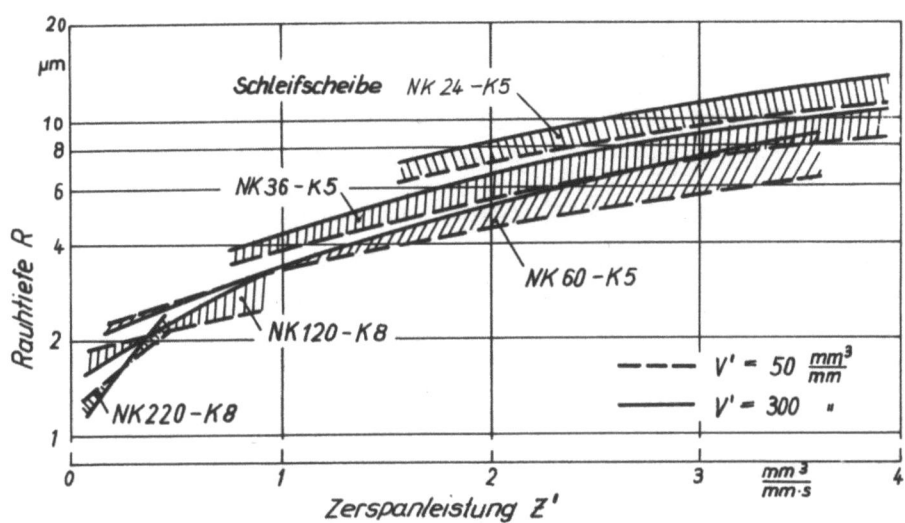

A b b i l d u n g   12

Rauhtiefe in Abhängigkeit von der Zerspanleistung für verschiedene Schleifscheibenkörnungen beim Einstechschleifen von Ck 45 N

d_s = 400 mm; v_s = 28 m/s; d_w = 80 mm; b_w = 36 mm; v_w = 18 m/min; Emulsion 1 : 60

Aus Abbildung 12 ist der Einfluß der Schleifscheibenkörnung auf die Rauhtiefe in Abhängigkeit von der Zerspanleistung zu erkennen. Die gestrichelten Linien geben die Anfangsrauhtiefen bei einem zerspanten Volumen von $V' = 50 \frac{mm^3}{mm}$ wieder, die ausgezogenen Linien zeigen die Rauhtiefen bei einem zerspanten Volumen von $V' = 300 \frac{mm^3}{mm}$. Für alle beim Einstechschleifen untersuchten Körnungen steigt die Rauhtiefe in Abhängigkeit von der Zerspanleistung an. Betrachtet man den Einfluß des zerspanten Volumens (schraffierte Bereiche), so zeigt sich, daß bei den Körnungen 220, 120 und 60 die Anfangsrauhtiefe teilweise höher liegt als nach $V' = 300 \text{ mm}^3/\text{mm}$ (Schnittpunkt der gestrichelten und ausgezogenen Linie). Der Einlaufvorgang zu Beginn des Schleifens ist auf die Abrichtbedingungen zurückzuführen, die für diese Schleifbedingungen zu grob waren. In diesem Zusammenhang sei noch einmal auf Abbildung 4 hingewiesen. Bei höheren Zerspanleistungen tritt der Einfluß des Abrichtens durch die größere Beanspruchung der Scheibenoberfläche nicht mehr hervor, die Rauhtiefe steigt mit zunehmendem zerspanten Volumen an. Allgemein läßt sich sagen, daß sowohl beim Einstechschleifen als auch beim Längsschleifen [9] feinere Scheibenkörnungen eine bessere Oberflächengüte erzeugen. Dies trifft aber für jede Körnung nur bis zu einer bestimmten Zerspanleistung zu. Bei Überschreiten dieser Grenzzerspanleistung liefert eine Schleifscheibe mit gröberer Körnung eine geringere Rauhtiefe. Das ist zum Beispiel in Abbildung 12 zwischen den Schleifscheiben NK 220-K8 und NK 120-K8 deutlich zu erkennen. Eine endgültige Bestimmung der jeweiligen Grenzzerspanleistung kann jedoch erst erfolgen, wenn neben der Rauhtiefe auch die erzielten Standzeiten berücksichtigt werden.

2.314 Einfluß des Kühlmittels und des Werkstoffes

Durch die Verwendung von Ölkühlung kann die Rauhtiefe in allen Bereichen der Zerspanleistung gegenüber der Kühlung mit Emulsion wesentlich verbessert werden (Abb. 13). Dies gilt für das Einstechschleifen und das

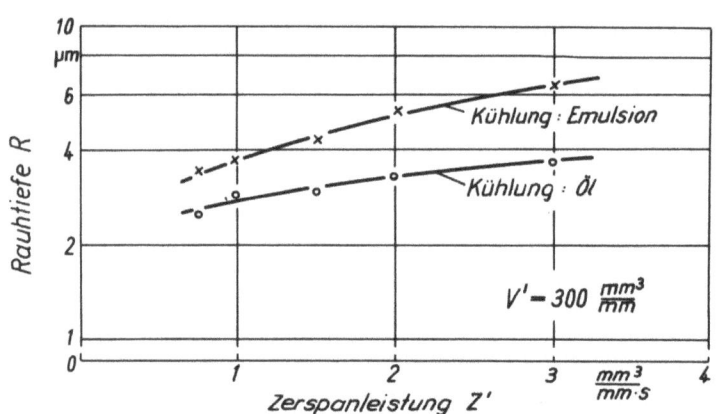

Abbildung 13

Einfluß des Kühlmittels auf die Rauhtiefe beim Einstechschleifen von Ck 45 N

Schleifscheibe NK 60 - L 5; d_s = 400 mm; d_w = 72 mm; b_w = 15 mm; v_w = 12 m/min; Emulsion: Oemeta (1:60); Öl: Shell Macron 21; (Rauhtiefenmessung mit dem Rauhtester)

Längsschleifen. Bei hohen Zerspanleistungen, bei denen die Rauhtiefenverbesserung am größten ist, treten jedoch bei Ölkühlung infolge der geringen Kühlwirkung leicht Brandmarken auf der Werkstückoberfläche auf. Durch die starke Erwärmung des Werkstückes werden ferner die Form- und Maßgenauigkeit verschlechtert.

Beim Einstechschleifen sind neben Ck 45 N auch die Stähle 16 Mn Cr 5 (gehärtet) und 30 Cr Ni Mo 8 (vergütet) untersucht worden (Abb. 14). Bei allen drei Werkstoffen steigt die Rauhtiefe mit zunehmender Zerspanleistung an. Unter gleichen Schleifbedingungen ergaben sich für Ck 45 und 16 Mn Cr 5 die gleichen Rauhtiefen. Für den Stahl 30 Cr Ni Mo 8 lagen die erzeugten Rauhtiefen jedoch wesentlich höher, vor allem im Bereich hoher Zerspanleistung. Bei diesem Werkstoff war ein stärkerer Anstieg der Rauhtiefe in Abhängigkeit vom zerspanten Volumen zu beobachten.

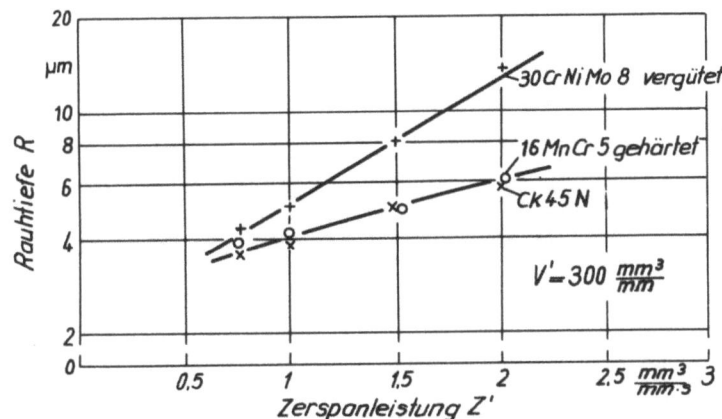

A b b i l d u n g   14

Rauhtiefe in Abhängigkeit von der Zerspanleistung beim Einstechschleifen verschiedener Baustähle

Schleifscheibe NK 60 - L 5; d_s = 400 mm; d_w = 72 mm; b_w = 15 mm; v_w = 12 m/min; Emulsion 1 : 60

2.315 Einfluß des Ausfunkens

Alle bisher dargestellten Abhängigkeiten der Rauhtiefe von den Schleifbedingungen gelten für das Schleifen ohne Ausfunken. In der Praxis ist es aber meist üblich, den Schleifvorgang in eine Schrupp- und Feinzustellung zu unterteilen und anschließend ohne Zustellung auszufunken. Beim Ausfunken werden die Verspannungen, die während des Schleifens zwischen Werkstück und Schleifscheibe auftreten, wieder abgebaut. Diese Verspannung ist von der auftretenden Normalkraft abhängig, die von der Zerspanleistung bestimmt wird.

Da bei der vorhandenen Versuchsmaschine eine Unterteilung in Schrupp- und Feinzustellung nicht möglich war, wurde beim Einstechschleifen nur mit einer Zustellgeschwindigkeit geschliffen und dann durch Abschalten der Zustellung der Ausfunkvorgang eingeleitet.

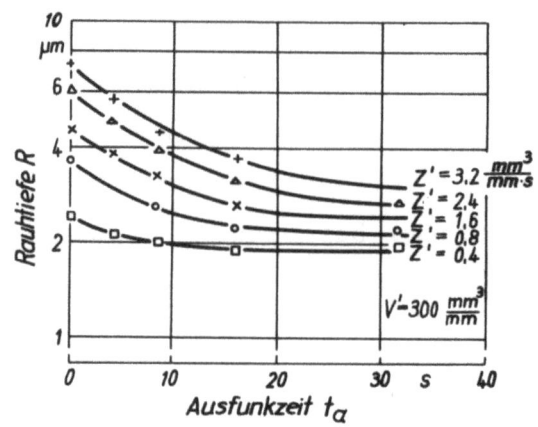

A b b i l d u n g   15

Rauhtiefe in Abhängigkeit von der Ausfunkzeit für verschiedene Zerspanleistungen beim Einstechschleifen von Ck 45 N

Schleifscheibe NK 60 - K 5; d_s = 400 mm; v_s = 28 m/s; d_w = 80 mm; b_w = 36 mm; v_w = 18 m/min; Emulsion 1 : 60

Aus Abbildung 15 geht hervor, daß die Rauhtiefe bei allen Zerspanleistungen mit zunehmender Ausfunkzeit geringer wird. Eine Verbesserung der Oberflächengüte läßt sich aber jeweils nur bis zu einem bestimmten Grenzwert erreichen, der von der gewählten Zerspanleistung abhängig ist. Wird zum Beispiel mit einer Zerspanleistung von Z' = 3,2 $\frac{mm^3}{mm \cdot s}$ geschliffen, so läßt sich auch durch noch so langes Ausfunken nicht der Rauhtiefenendwert erreichen, der sich beim Ausfunken im Anschluß an einen Schleifvorgang mit einer Zerspanleistung von Z' = 0,2 $\frac{mm^3}{mm \cdot s}$ ergibt. Dieser Rauhtiefenendwert wird bei geringen Zerspanleistungen in kürzeren Ausfunkzeiten erreicht. Mit zunehmender Zerspanleistung müssen daher längere Ausfunkzeiten angewendet werden.

Abbildung 16 gibt die Rauhtiefenverbesserung durch Ausfunken in Abhängigkeit von der Zerspanleistung für verschiedene Ausfunkzeiten wieder. Die Angaben in Prozent beziehen sich auf die Rauhtiefe R_o, die bei den entsprechenden Zerspanleistungen beim Schleifen ohne Ausfunken erzielt wurde. Die Darstellung macht deutlich, daß die prozentuale Rauhtiefenverbesserung mit höherer Zerspanleistung und größerer Ausfunkzeit zunimmt.

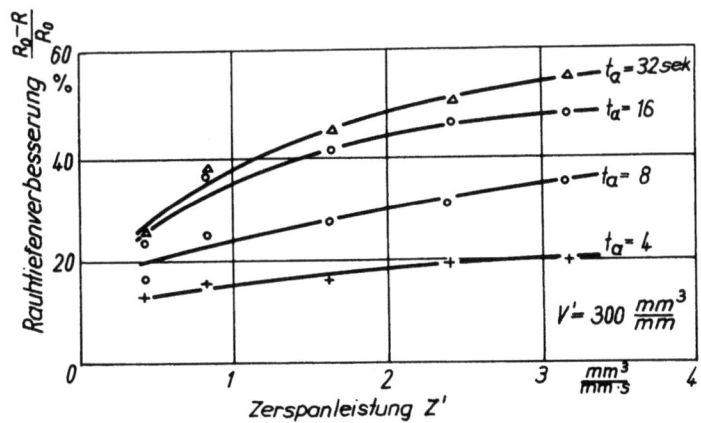

Abbildung 16

Rauhtiefenverbesserung in Abhängigkeit von der Zerspanleistung und der Ausfunkzeit beim Einstechschleifen von Ck 45 N

Schleifscheibe NK 60 - K 5; d_s = 400 mm; v_s = 28 m/s; d_w = 80 mm; b_w = 36 mm; v_w = 18 m/min; Emulsion 1 : 60

So kann die Rauhtiefe bei einer Zerspanleistung von $Z' = 3 \frac{mm^3}{mm \cdot s}$ und einer Ausfunkzeit von t_a = 32 sek. um 50 % verbessert werden, bei $Z' = 0,5 \frac{mm^3}{mm \cdot s}$ und der gleichen Ausfunkzeit nur um etwa 25 %. Vom wirtschaftlichen Gesichtspunkt aus wäre es jedoch ungünstig, vollständig auszufunken. Bei den vorliegenden Schleifbedingungen würde zum Beispiel eine Ausfunkzeit von 16 sek. ausreichend sein.

In Abbildung 17 ist der Ausfunkvorgang für zwei verschiedene Werkstückgeschwindigkeiten dargestellt. Bei der Wahl weit auseinanderliegender Werkstückgeschwindigkeiten ergeben sich Unterschiede in der Ausgangsrauhtiefe (s. Abb. 8). Diese Unterschiede werden jedoch durch das Ausfunken verringert, bis schließlich bei Ausfunkzeiten über t_a = 10 sek. kein Einfluß der Werkstückgeschwindigkeit auf die Rauhtiefe mehr nachzuweisen ist.

Der Vergleich verschiedener Werkstückdurchmesser erfolgte bei konstanter Zerspanleistung (Abb. 18). Unabhängig vom Werkstückdurchmesser sind beim Ausfunken die gleichen Endrauhtiefen erzielt worden. Für große Werkstückdurchmesser ist jedoch die Ausfunkzeit höher zu wählen, um zum gleichen Ergebnis zu kommen, weil ein entsprechend größeres Volumen zerspant werden muß. Die Ausfunkzeit ist ferner sehr stark von der Steifigkeit des Werkstückes und seiner Einspannung abhängig [5]. Bei gleicher

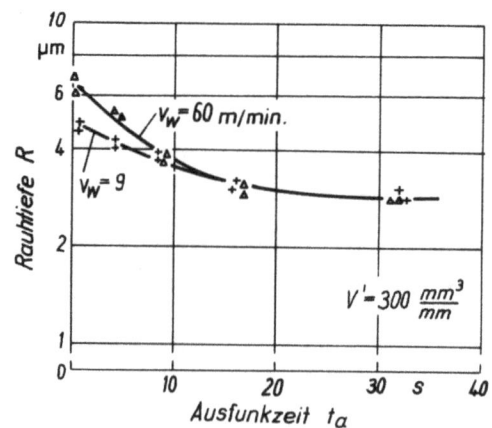

Abbildung 17

Rauhtiefe in Abhängigkeit von der Ausfunkzeit für verschiedene Werkstückgeschwindigkeiten beim Einstechschleifen von Ck 45 N

Schleifscheibe NK 60 - K 5; d_s = 400 mm; v_s = 28 m/s; d_w = 80 mm; b_w = 36 mm; Z' = 2,4 $\frac{mm^3}{mm \cdot s}$; Emulsion 1 : 60

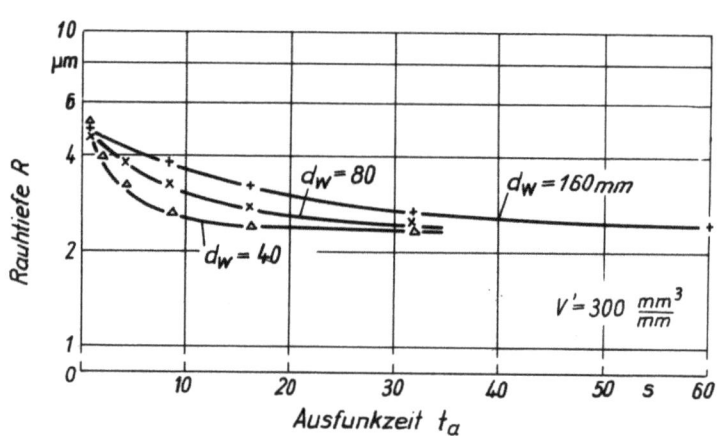

Abbildung 18

Rauhtiefe in Abhängigkeit von der Ausfunkzeit für verschiedene Werkstückdurchmesser beim Einstechschleifen von Ck 45 N

Schleifscheibe NK 60 - K 5; d_s = 400 mm; v_s = 28 m/s; b_w = 36 mm; Z' = 1,6 $\frac{mm^3}{mm \cdot s}$; v_w = 18 m/min; Emulsion 1 : 60

Normalkraft erfordern lange Werkstücke mit ihrer geringen Steifigkeit größere Ausfunkzeiten.

Abbildung 19 zeigt den Einfluß der Zerspanleistung auf die Rauhtiefe für die Schleifscheiben NK 60-K5 und NK 120-K8. Die ausgezogenen Linien gelten für die Rauhtiefen beim Schleifen ohne Ausfunken, die gestrichelten für die Rauhtiefen nach einer Ausfunkzeit von t_a = 16 sek. Bei der feineren Körnung läßt sich die Rauhtiefe durch Ausfunken ebenfalls verbessern. Dies gilt aber wiederum jeweils nur bis zu der der Körnung entsprechenden Grenzzerspanleistung.

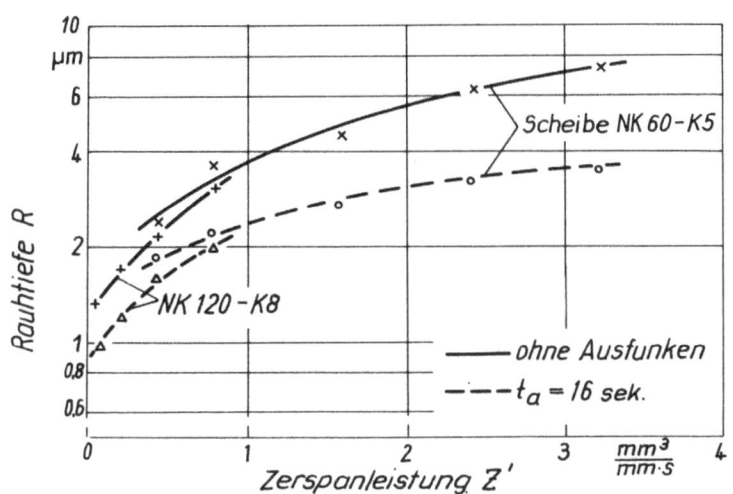

A b b i l d u n g   19

Einfluß des Ausfunkens auf die Rauhtiefe beim Einstechschleifen von Ck 45 N

d_s = 400 mm; v_s = 28 m/s; d_w = 80 mm; b_w = 36 mm;

v_w = 18 m/min; Emulsion 1 : 60; (Rauhtiefen für V' = 300 $\frac{mm^3}{mm}$)

Auch beim Längsschleifen läßt sich die Oberflächengüte durch Ausfunken im Anschluß an den eigentlichen Schleifvorgang verbessern (Abb. 20). Hier ist entsprechend dem Schleifverfahren das Ausfunken nach der Zahl der Ausfunkhübe i_a bemessen. Wie beim Einstechschleifen nähert sich die Rauhtiefe mit zunehmender Zahl der Ausfunkhübe einem Grenzwert, der von der Zerspanleistung abhängig ist.

Abbildung 21 zeigt die prozentuale Rauhtiefenverbesserung bezüglich der Rauhtiefe R_o ohne Ausfunken. Es ergab sich, daß mit zunehmender Zerspanleistung und mit steigender Zahl der Ausfunkhübe die Rauhtiefenverbesserung größer wird. Sie betrug zum Beispiel bei 16 Ausfunkhüben und einer Zerspanleistung von Z = 25 $\frac{mm^3}{s}$: 20 %, bei Z = 100 $\frac{mm^3}{s}$: 45 %.

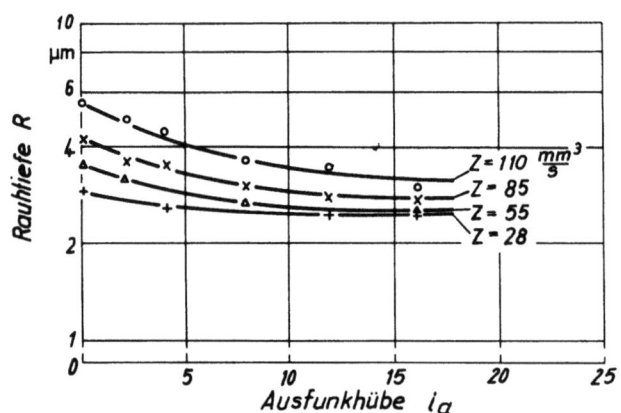

Abbildung 20

Rauhtiefe in Abhängigkeit von der Zahl der Ausfunkhübe für
verschiedene Zerspanleistungen beim Längsschleifen von Ck 45 N

Schleifscheibe NK 60 - K 5; 400 ⌀ x 80 mm; v_s = 28 m/s;
d_w = 40 mm; l_w = 100 mm; v_1 = 2,6 m/min; a = 5 ... 20 µm/H;
v_w = 12 m/min; $\frac{b_s}{s}$ = 3; Emulsion 1 : 60

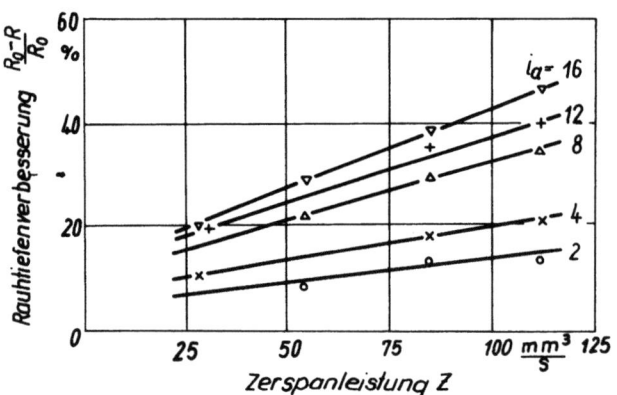

Abbildung 21

Rauhtiefenverbesserung in Abhängigkeit von
der Zerspanleistung und der Zahl der Ausfunkhübe beim Längsschleifen von Ck 45 N

Schleifscheibe NK 60 - K 5; 400 ⌀ x 80 mm; v_s = 28 m/s;
d_w = 40 mm; l_w = 100 mm; v_1 = 2,6 m/min; a = 5 ... 20 µm/H;
v_w = 12 m/min; $\frac{b_s}{s}$ = 3; Emulsion 1 : 60

2.32 Der Schleifscheibenverschleiß

Für das Verhalten einer Schleifscheibe im Schleifvorgang ist der Verschleiß ein wichtiges Merkmal. Er kann ferner für die Werkzeugkosten von Bedeutung sein. Unter dem Ausdruck Verschleiß wird allgemein die

Veränderung der Schneidfläche der Schleifscheibe mit zunehmendem zerspanten Volumen verstanden. Der Scheibenverschleiß kann sich in verschiedenen Formen bemerkbar machen, die wiederum unterschiedlich auf das Schleifergebnis zurückwirken. PEKLENIK [10] beschreibt vier Arten des Verschleißes (Abb. 22): das Abtragen dünnster Schichten am Einzelkorn infolge der Temperatur- und Druckerweichung, das Absplittern von

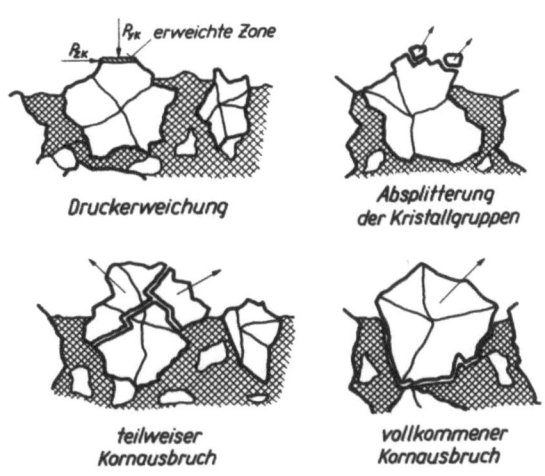

Abbildung 22
Verschleißformen an der Scheifscheibe
(nach PEKLENIK)

Kristallgruppen, den teilweisen und den vollständigen Kornausbruch. Diese Verschleißformen können, über den Umfang der Schleifscheibe betrachtet, unterschiedlich in Erscheinung treten und die Ursache für die Rattererscheinungen sein. Die bisher bekannten Meßverfahren für den Schleifscheibenverschleiß [11, 12] erfassen jeweils nur einen Teil der Verschleißformen. Erst durch die gleichzeitige Anwendung verschiedener Meßverfahren kann eine tiefere Aussage über den Verschleiß erfolgen.

Bei den vorliegenden Untersuchungen wurde als Maß für den Schleifscheibenverschleiß die Radiusabnahme Δr der Schleifscheibe ermittelt. Hieraus kann das Schleifscheibenverschleißvolumen S nach folgender Formel bestimmt werden:

$$S = \Delta r \cdot d_s \cdot \pi \cdot b_s \;(mm^3)$$

Es wird beim Einstechschleifen auf 1 mm Schleifbreite bezogen: $S' \;(\frac{mm^3}{mm})$.

Das Meßverfahren besteht darin, daß ein weiches Blechplättchen radial in die Scheibe eingefahren und der so gewonnene Abdruck des Scheibenprofils mit einem Tastgerät ausgemessen wird. Als Bezugsmaß dient beim Einstechschleifen, wo die Werkstückbreite jeweils kleiner als die Schleifscheibenbreite ist, die Zone der Schleifscheibe, die am Zerspanungsvorgang nicht beteiligt ist. Beim Längsschleifen dient als Bezugspunkt eine Rille, die mit einem Diamanten in die Scheibe eingedreht wird.

Bei den Verschleißmessungen ergaben sich für das Längs- und Einstechschleifen Unterschiede in der Ausbildung des Scheibenprofils (Abb. 23).

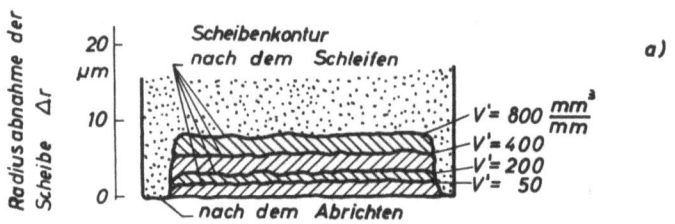

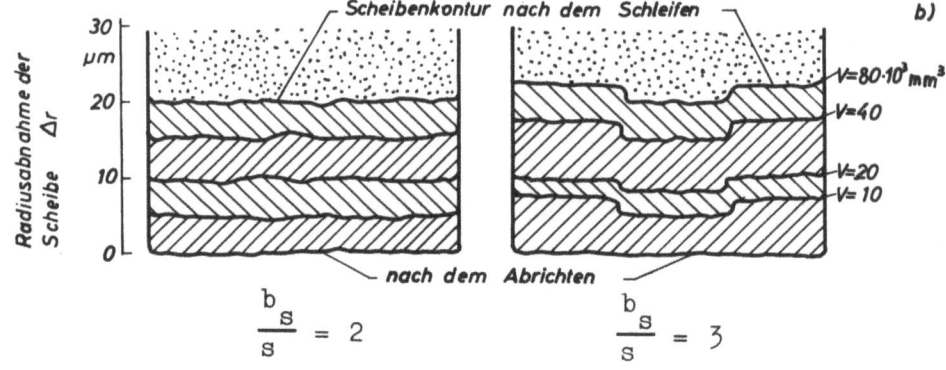

Abbildung 23

Verschleiß der Schleifscheibe beim Außenrundschleifen

a) Einstechschleifen von Ck 45 N. Schleifscheibe NK 60 -K5, 400 ⌀ x 40 mm; d_w = 80 mm; b_w = 36 mm; v_s = 28 m/s; Z' = 0,8 $\frac{mm^3}{mm \cdot s}$; v_w = 18 m/min; Emulsion 1 : 60

b) Längsschleifen von Ck 45 N. Schleifscheibe EK 60 - L, 400 ⌀ x 24 mm; v_s = 28 m/s; d_w = 65 mm; l_w = 100 mm; Z = 20 $\frac{mm^3}{s}$; v_w = 9 m/min; v_l = 2,4 m/min

Während die Radiusabnahme beim Einstechschleifen gleich groß über der Schleifscheibe war, wurde beim Längsschleifen zum Teil ein stufenförmiger Verschleiß längs der Scheibenbreite gefunden. Diese Stufen traten bei größeren Überschliffzahlen als $\frac{b_s}{s}$ = 2 auf und entsprachen in ihrer Breite genau dem Vorschub s pro Werkstückumdrehung. Die Ursache für den stufenförmigen Verschleiß liegt darin, daß der größte Teil der Zerspanungsarbeit von den Scheibenkanten in der Breite des Vorschubes geleistet wird, während die nachfolgenden Teilbreiten in der Mitte der Schleifscheibe geringer beansprucht werden. Von Bedeutung für das Schleifergebnis ist dabei, daß dieses "Profil" der Schleifscheibe Vorschubriefen auf dem Werkstück hervorrufen kann. Da sich die Messung des Scheibenverschleißes beim Längsschleifen über der gesamten Scheibenbreite als sehr aufwendig herausstellte, wurde nur die Radiusabnahme in der Scheibenmitte bestimmt.

Um die Genauigkeit der Verschleißmessung und die Reproduzierbarkeit der Meßergebnisse zu prüfen, wurden beim Einstechschleifen mit der Schleifscheibe NK 60-K5 sechs Parallelversuche unter gleichen Einstellbedingungen durchgeführt. Dabei ergab sich ein Streubereich der Meßwerte von etwa ± 1 µm (Abb. 24). Die Radiusabnahme und damit das Scheibenverschleißvolumen steigen mit zunehmendem zerspanten Volumen linear an,

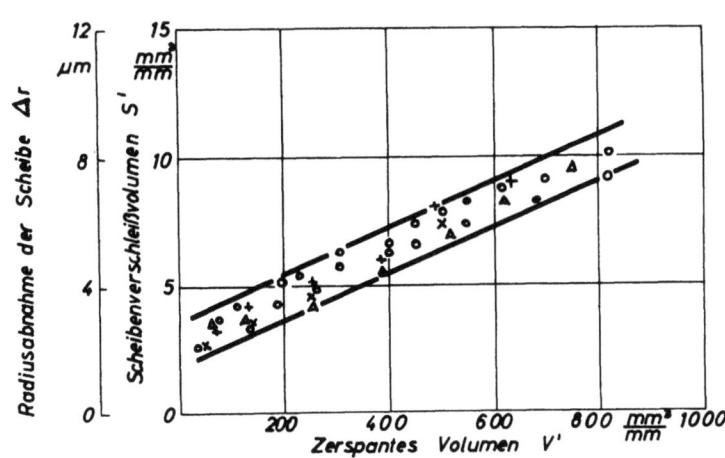

A b b i l d u n g   24

Reproduzierbarkeit der Schleifscheibenverschleißmessung
beim Einstechschleifen von Ck 45 N

Schleifscheibe NK 60 - K 5; d_s = 400 mm; v_s = 28 m/s;
d_w = 80 mm; b_w = 36 mm; Z' = 0,8 $\frac{mm^3}{mm \cdot s}$; v_w = 18 m/min;
Emulsion 1 : 60

wenn man von dem sprunghaften Anstieg zu Beginn des Schleifvorganges absieht. Dieser starke Anstieg ist darauf zurückzuführen, daß die durch den Abrichtvorgang gelockerte Kornschicht der Schleifscheibenschneidfläche sofort beim Anschnitt herausbricht. Die Größe des Anfangsverschleißes lag für die untersuchten Schleifscheiben in einem Bereich von 2 bis 4 μm. Auf den weiteren geradlinigen Anstieg des Scheibenverschleißes haben die Abrichtbedingungen keinen Einfluß mehr [8]. In diesem Bereich tritt hauptsächlich Kornflächenverschleiß bei gleichzeitiger geringer Kornsplitterung auf.

2.321 Einfluß der Einstellbedingungen

In Abbildung 25 ist für das Einstechschleifen die Abhängigkeit des Scheibenverschleißes vom zerspanten Volumen für verschiedene Zerspanleistungen dargestellt; Abbildung 26 gibt die Abhängigkeiten für das Längsschleifen wieder. Auf den Diagrammen ist die Größenordnung der Radiusabnahme beim Schleifen von Ck 45 N zu erkennen. Der Anfangsverschleiß hat für beide Schleifverfahren die gleiche Größe und ist unabhängig von den Einstellbedingungen. Der Verschleiß nimmt mit dem zer-

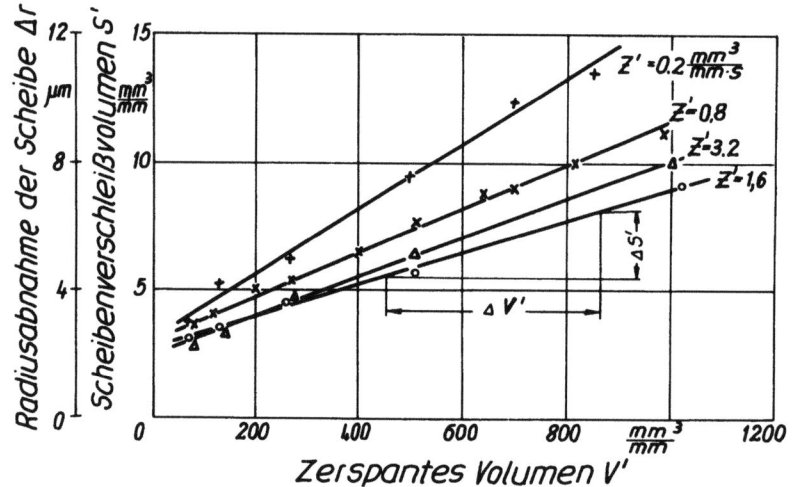

Abbildung 25

Schleifscheibenverschleiß für verschiedene Zerspanleistungen beim Einstechschleifen von Ck 45 N

Schleifscheibe NK 60 - K 5; d_s = 400 mm; v_s = 28 m/s; d_w = 80 mm; b_w = 36 mm; v_w = 18 m/min; Emulsion 1 : 60

spanten Volumen linear zu, eine Änderung der Zerspanleistung bewirkt einen verschieden starken Anstieg der Geraden. Als Kennwert für den Scheibenverschleiß wurde das Verschleißverhältnis φ_s als Differenzenquotient zwischen dem Schleifscheibenverschleißvolumen S' und dem zerspanten Volumen V' im linearen Verschleißbereich gebildet (Abb. 25):

$$\varphi_s = \frac{\Delta S'}{\Delta V'} \left[\frac{mm^3}{mm} \Big/ \frac{mm^3}{mm} \right].$$

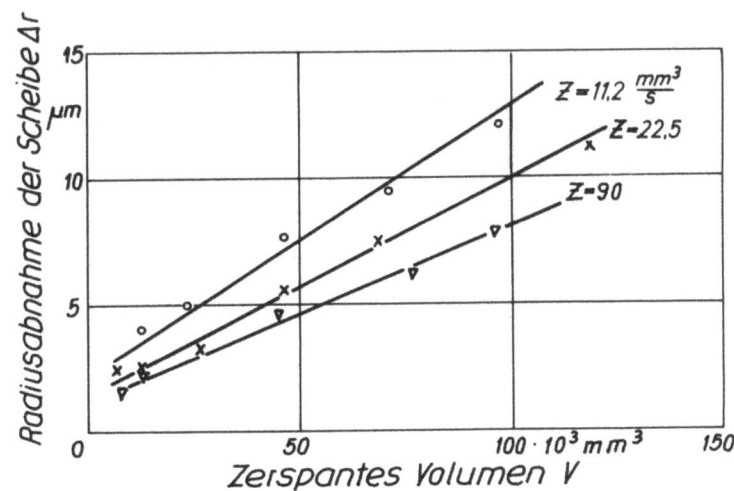

Abbildung 26

Schleifscheibenverschleiß für verschiedene Zerspanleistungen beim Längsschleifen von Ck 45 N

Schleifscheibe NK 60 - K 5; 400 ⌀ x 80 mm; v_s = 28 m/s;
d_w = 40 mm; l_w = 100 mm; v_l = 2,2 m/min; v_w = 18 m/min
$\frac{b_s}{s}$ = 5; Emulsion 1 : 60

Das Verschleißverhältnis gibt den Anstieg der Verschleißgeraden in Abhängigkeit vom zerspanten Volumen wieder. In amerikanischen Veröffentlichungen [13] wird das umgekehrte Verhältnis als "grinding ratio" (Abschliffverhältnis) bezeichnet.

Den Einfluß der Zerspanleistung und der Scheibengeschwindigkeit auf das Verschleißverhältnis zeigt Abbildung 27. Die Darstellung gilt für das

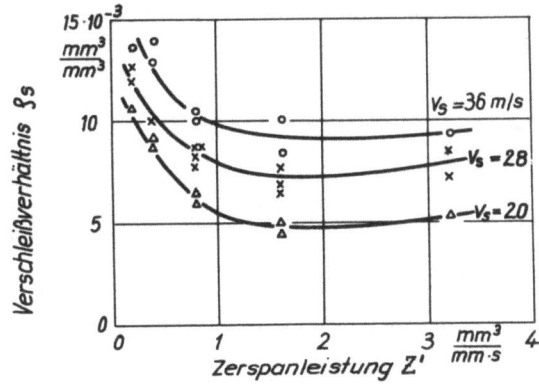

Abbildung 27

Verschleißverhältnis in Abhängigkeit von der Zerspanleistung und der Schleifscheibengeschwindigkeit beim Einstechschleifen von Ck 45 N

Schleifscheibe NK 60 - K 5; d_s = 400 mm; d_w = 80 mm; b_w = 36 mm;
v_w = 9 u. 18 m/min; Emulsion 1 : 60

Einstechschleifen von Ck 45 N mit einer Schleifscheibe NK 60-K5. Es ist zu erkennen, daß der Verschleiß bei kleinen Zerspanleistungen größer ist, während er mit steigender Zerspanleistung zunächst abnimmt. Oberhalb einer Zerspanleistung von etwa $Z = 1,5 \frac{mm^3}{mm \cdot s}$ bleibt der Verschleiß ungefähr gleich. Das hat sich für diese Versuchsbedingungen bei allen Scheibengeschwindigkeiten herausgestellt. Mit steigender Scheibengeschwindigkeit wird der Verschleiß größer. Im Gegensatz dazu konnte ein Einfluß der Werkstückgeschwindigkeit auf den Verschleiß nicht beobachtet werden.

2.322 Einfluß der Schleifscheibe

Abbildung 28 zeigt das Verschleißverhältnis in Abhängigkeit von der Zerspanleistung für verschiedene Scheibenkörnungen. Während sich zwischen den Körnungen 120 und 60 keine Unterschiede im Verschleißverhalten ergaben, war der Verschleiß der Körnungen 36 und 24 höher. Es darf hierbei nicht außer Acht gelassen werden, daß die Schleifscheibe NK 120-K8 ein offeneres Gefüge hatte.

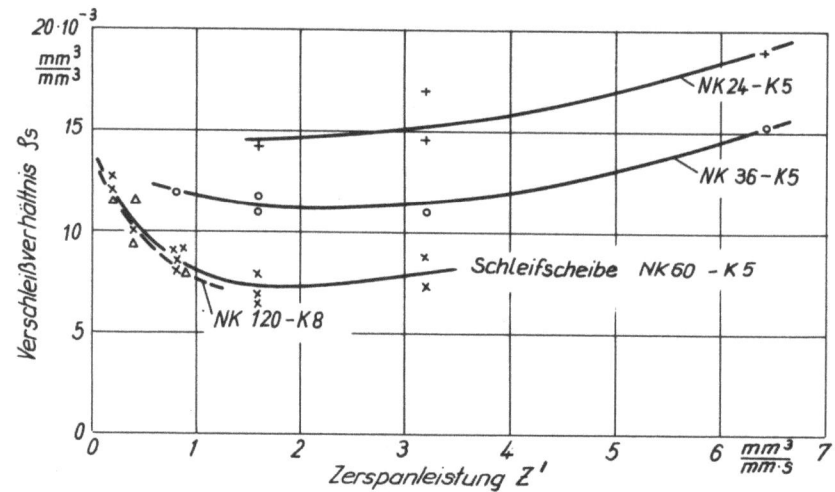

A b b i l d u n g   28

Verschleißverhältnis in Abhängigkeit von der Zerspanleistung
für verschiedene Schleifscheibenkörnungen beim
Einstechschleifen von Ck 45 N

$d_s = 400$ mm; $v_s = 28$ m/s; $d_w = 80$ mm; $b_w = 36$ mm; $v_w = 9$ u. 18 m/min;
Emulsion 1 : 60

Hinsichtlich des Einflusses der Schleifscheibenhärte auf den Verschleiß konnte im Gegensatz zu den früheren Versuchsergebnissen [3], nach denen der Scheibenverschleiß beim Außenrund- Längs- und Einstechschleifen von

Ck 45 N mit zunehmender Scheibenhärte in der Reihenfolge K, L, M, N größer wird, dieser Unterschied nicht bestätigt werden. Bei der Überprüfung der Ergebnisse stellte sich heraus, daß die Meßwerte für die Radiusabnahme innerhalb der auftretenden Streuungen liegen, so daß keine gesicherten Unterschiede vorhanden sind. Die von PAHLITZSCH und ERNST [14] durchgeführten Verschleißuntersuchungen beim Längsschleifen des Stahles C 100 W1 (gehärtet) umfaßten einen wesentlich größeren Bereich der Härtegrade, und zwar von K bis P. Danach liegt der Verschleiß bei größerer Scheibenhärte im allgemeinen etwas niedriger. Zwischen den einzelnen Härtestufen sind jedoch Abweichungen von dieser Tendenz festzustellen.

2.323 Einfluß des Kühlmittels und des Werkstoffes

Einen deutlichen Einfluß auf das Verschleißverhalten der Schleifscheibe hat die Wahl des Kühlmittels (Abb. 29). Bei Ölkühlung war der Verschleiß

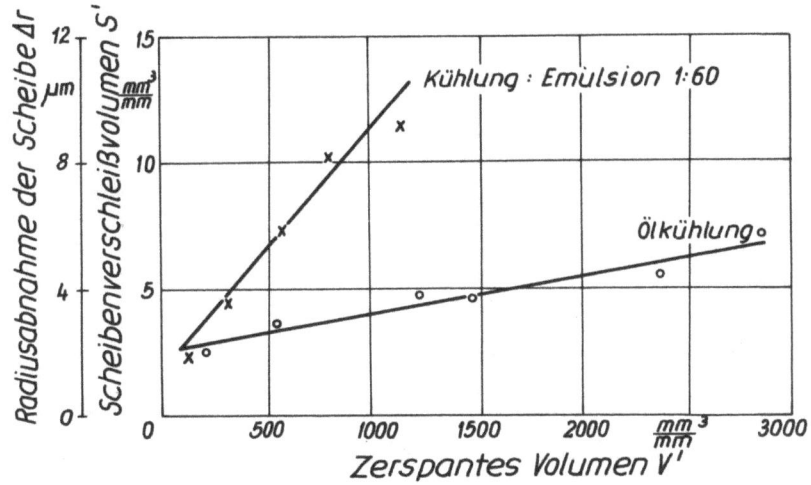

Abbildung 29

Einfluß der Kühlung auf den Schleifscheibenverschleiß
beim Einstechschleifen von Ck 45 N

Schleifscheibe NK 60 - L 5; d_s = 400 mm; v_s = 28 m/s; d_w = 72 mm; b_w = 15 mm; Z' = 1 $\frac{mm^3}{mm \cdot s}$; v_w = 12 m/min; Emulsion: Oemeta (1 : 60)
Öl: Shell Macron 21

unter sonst gleichen Versuchsbedingungen wesentlich kleiner als bei der Kühlung mit Emulsion. Dies kommt in dem geringeren Anstieg der Verschleißgeraden bei Ölkühlung zum Ausdruck. Die gleiche Verschleißminderung durch Öl wurde auch beim Längsschleifen erzielt.

Aus Abbildung 30 geht der Verschleißverlauf für die drei untersuchten
Baustähle Ck 45 N, 16 Mn Cr 5 und 30 Cr Ni Mo 8 hervor. Es stellt sich
eine deutliche Stufung des Verschleißes für die verschiedenen Werkstoffe
heraus, wobei der Stahl 30 Cr Ni Mo 8 den geringsten Scheibenverschleiß
aufwies.

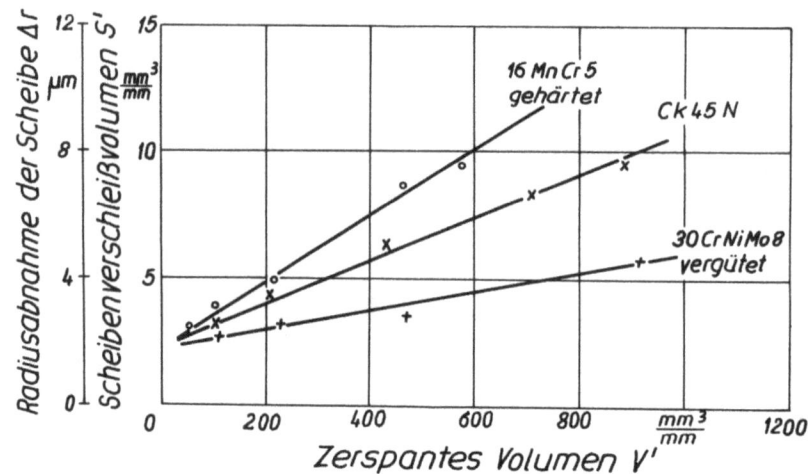

A b b i l d u n g   30
Schleifscheibenverschleiß beim Einstechschleifen
verschiedener Baustähle

Schleifscheibe NK 60 - L 5; d_s = 400 mm; v_s = 28 m/s; d_w = 72 mm;
b_w = 15 mm; Z' = 1 $\frac{mm^3}{mm \cdot s}$; v_w = 12 m/min; Emulsion 1 : 60

Die Verschleißmessungen haben gezeigt, daß die Radiusabnahme der Schleifscheibe bei den untersuchten Bedingungen bis zum Standzeitende maximal
15 μm beträgt. Sie macht also für alle Körnungen nur einen Bruchteil
der Kornschichtdicke aus. Hieraus kann gefolgert werden, daß beim Schleifen von Baustählen der Verschleiß hauptsächlich durch Absplittern und
Abstumpfen der Schneidkörner erfolgt [11, 12].

2.33 Die Standzeit der Schleifscheibe

Um für einen Fertigungsvorgang die Kosten genau ermitteln zu können, muß
die Standzeit des Werkzeuges bekannt sein [15, 16]. Beim Schleifen ist
die Standzeit T als Bearbeitungszeit zwischen zwei Abrichtvorgängen definiert. Die Standzahl n_{wT} gibt die Zahl der in einer Standzeit gefertigten Werkstücke an, das Standvolumen V_T (mm³) ist das in der Standzeit zerspante Werkstückvolumen. Zwischen Standzeit, Standvolumen und
Zerspanleistung besteht folgende Beziehung:

$$T = \frac{V_T}{Z} \cdot 60 \text{ (min)}$$

Es war zunächst wichtig, ein geeignetes Standzeitkriterium für das Schleifen zu finden. Von SALJÉ [17] wurde ein Verhältnis des Rauhtiefenanstiegs, bezogen auf die kleinste, zwischen zwei Abrichtvorgängen erzielte Rauhtiefe zugrundegelegt. Je nach den Anforderungen kann das Rauhtiefenverhältnis 1,25 oder 1,5 betragen. In den meisten Fällen trat jedoch bereits vor Erreichen dieses Kriteriums ein Rattern der Schleifscheibe und damit eine Verschlechterung der Werkstückoberfläche durch Rattermarken auf. Dies gilt besonders für kleinere Zerspanleistungen. Durch die Ausbildung der Rattermarken stieg dann die Rauhtiefe an. Wie bereits erwähnt, ist dieser Bereich für die Praxis nicht mehr von Bedeutung. Als Standzeitkriterium wurde daher das Rattern der Schleifscheibe und das hierdurch bedingte erste Auftreten von Rattermarken herangezogen. Der Zeitpunkt des Ratterns hängt neben den Schleifbedingungen sehr stark von der Starrheit der Schleifmaschine und den Werkstückabmessungen ab. So können die bei den Richtwertuntersuchungen ermittelten Standzeiten nicht ohne weiteres auf andere Bearbeitungsfälle übertragen werden.

Bei der Untersuchung des Längsschleifens ergaben sich beträchtliche Streuungen der Standzeiten. Eindeutige Abhängigkeiten konnten hierbei nicht gefunden werden. Eine Zusammenstellung der beim Längsschleifen erreichten Standvolumina ist im Forschungsbericht Nr. 324 enthalten [3].

Beim Einstechschleifen, bei dem einfachere Bewegungsverhältnisse und damit eine gleichmäßige Veränderung des Schleifscheibengefüges vorliegt, war es möglich, verschiedene Abhängigkeiten der Standzeit von den Schleifbedingungen deutlich zu erkennen. Die folgenden Betrachtungen über die Standzeit gelten für das Einstechschleifen, wobei das Standzeitkriterium in allen Fällen der Beginn des Ratterns war.

2.331 Einfluß der Einstellbedingungen

Die Abbildungen 31, 32 und 33 zeigen die Standzeit in Abhängigkeit von der Zerspanleistung für die Schleifscheibe NK 60-K5. Verändert wurden die Werkstückgeschwindigkeit, die Scheibengeschwindigkeit und der Werkstückdurchmesser. Man erkennt, daß sich die Standzeiten im doppellogarithmischen System nur im Bereich höherer Zerspanleistung als Geraden

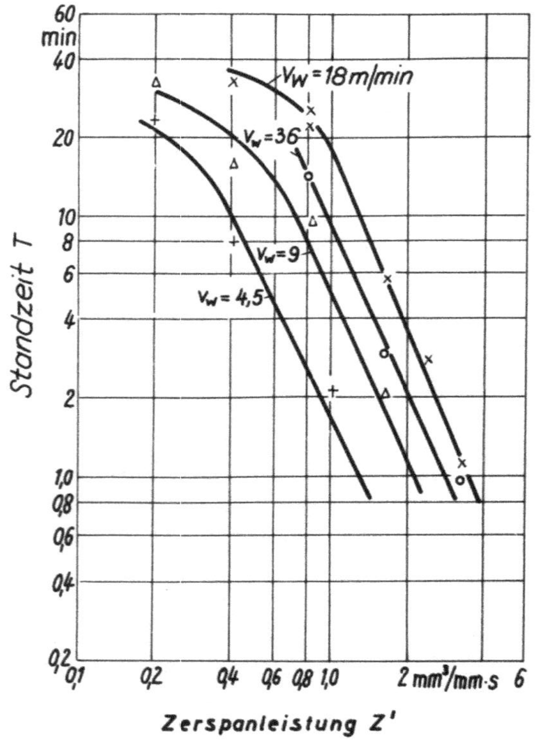

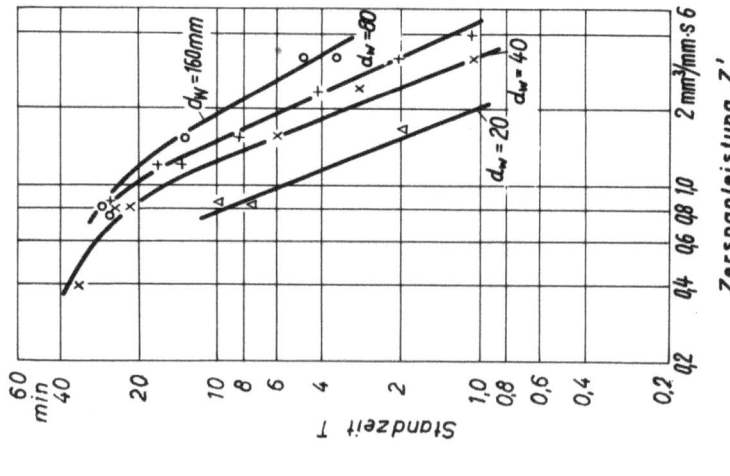

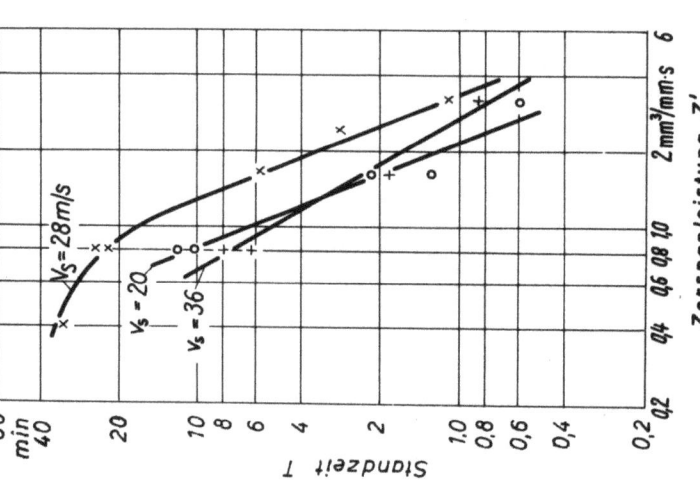

Abbildung 31
Einfluß der Werkstück-
geschwindigkeit

$v_s = 28$ m/s; $d_w = 40$ mm

Abbildung 32
Einfluß der Schleifscheibengeschwindigkeit

$v_w = 18$ m/min; $d_w = 40$ mm

Abbildung 33
Einfluß des Werkstück-
durchmessers

$v_s = 28$ m/s; $v_w = 18$ m/min

Standzeit in Abhängigkeit von der Zerspanleistung beim Einstechschleifen von Ck 45 N. Schleifscheibe NK 60 - K 5; $d_s = 400$ mm; $b_w = 36$ mm; Emulsion 1 : 60; Standzeitkriterium: Rattern

darstellen lassen. Ausgehend von geringen Zerspanleistungen steigt das Standvolumen mit zunehmender Zerspanleistung bis zu einem Maximalwert an und fällt danach wieder stärker ab.

Bei Betrachtung der Einstellbedingungen zeigt sich, daß die höchsten Standzeiten bei einer Werkstückgeschwindigkeit von 18 m/min erreicht wurden (Abb. 31). Wählt man die Werkstückgeschwindigkeit kleiner oder größer, so wird die Standzeit geringer. Hinsichtlich der Scheibengeschwindigkeit ergaben sich maximale Standzeiten bei v_s = 28 m/s (Abb.32). In Bezug auf die Werkstückdurchmesser ist zu erkennen, daß mit zunehmendem Durchmesser die Standzeit der Schleifscheibe NK 60-K5 höher ist. (Abb. 33). Die geringere Ratterneigung bei größerem Werkstückdurchmesser kann auf die größere Steifigkeit der Werkstücke zurückgeführt werden.

2.332 Einfluß der Schleifscheibe

Abbildung 34 gibt das Standzeitverhalten von Schleifscheiben gleicher Härte wieder. Bei den Körnungen 24, 36 und 60 ergaben sich keine

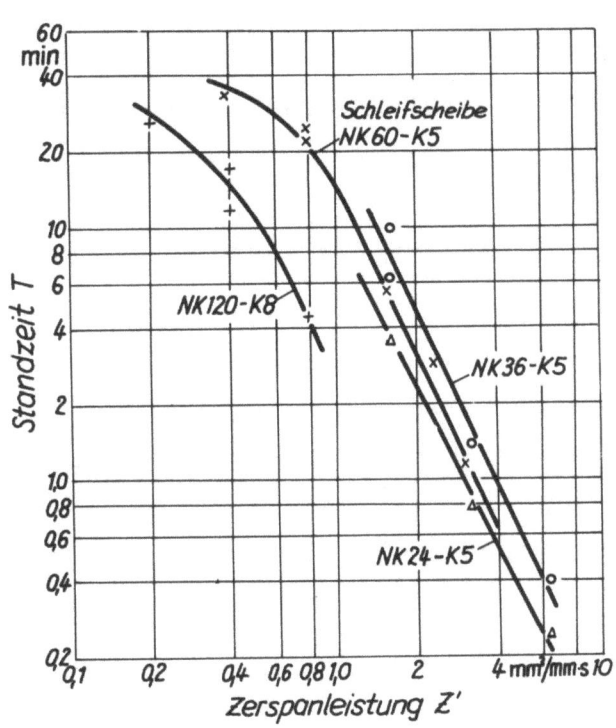

Abbildung 34

Standzeit in Abhängigkeit von der Zerspanleistung für verschiedene Scheibenkörnungen beim Einstechschleifen von Ck 45 N

d_s = 400 mm; v_s = 28 m/s; d_w = 40 mm; b_w = 36 mm; v_w = 18 m/min; Emulsion 1 : 60; Standzeitkriterium: Rattern

wesentlichen Unterschiede in den Standzeiten. Mit der Körnung 120 wurden bei gleichen Einstellbedingungen geringere Standzeiten erzielt.

Abbildung 35 zeigt den Einfluß der Schleifscheibenhärte auf die Standzeit. Bei kleinen Zerspanleistungen hat die Wahl einer anderen Scheibenhärte praktisch keine Auswirkung auf die Standzeit. Erst bei größeren Zerspanleistungen können gewisse Unterschiede in Abhängigkeit von der Scheibenhärte erkannt werden.

2.333 Einfluß des Kühlmittels und des Werkstoffes

Hinsichtlich der Standzeit sind deutliche Unterschiede zwischen dem Schleifen mit Öl- und Emulsionskühlung festzustellen. Abbildung 36 zeigt, daß bei Ölkühlung wesentlich höhere Standzeiten im Vergleich zu Emulsion erreicht werden können.

Für die untersuchten Stähle wurden unter den gewählten Schleifbedingungen für Ck 45 N die besten Standzeiten erzielt (Abb. 37); der Werkstoff 16 Mn Cr 5 ergab geringere Standzeiten. Die Standzeitgerade verläuft ungefähr parallel zu der von Ck 45 N. Die Standzeitgerade für den Stahl 30 Cr Ni Mo 8 verläuft sehr steil, d.h. daß bei diesem Werkstoff eine geringfügige Änderung der Zerspanleistung eine relativ große Änderung der Standzeit hervorruft.

2.4 Kostenvergleich beim Einstechschleifen

Die in den Untersuchungen ermittelten Abhängigkeiten beim Einstechschleifen werden im folgenden als Grundlage für eine Kostenrechnung angewendet. Es ist nicht möglich, allein aus den erzielten Oberflächengüten, aus dem Schleifscheibenverschleiß oder aus den Standzeiten, auch wenn hierbei im einzelnen optimale Ergebnisse erzielt werden, auf die kostengünstigen Schleifbedingungen zu schließen. Erst ein Kostenvergleich gestattet es, über die wirtschaftlichen Bedingungen zu entscheiden.

Eine eingehende Darstellung einer Kostenrechnung beim Außenrundschleifen mit näheren Berechnungsbeispielen erfolgte durch SALJÉ [18]. Danach werden die mit den Zerspanbedingungen veränderlichen Kosten aus den Gemeinkosten herausgelöst und gesondert berechnet. Im folgenden sind die einzelnen Kostenanteile, bezogen auf die gefertigte Einheit, getrennt aufgeführt:

a) Fertigungslohnkosten:

$$K_L^x = L(1+g_s) \cdot t_h$$

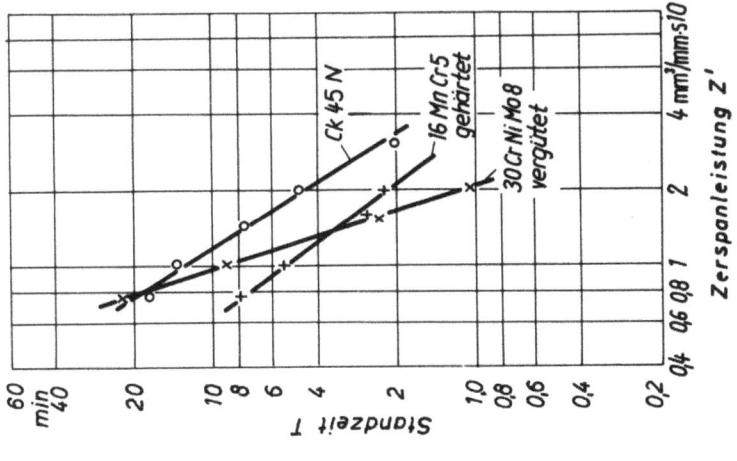

Abbildung 37
Einfluß des Werkstoffes
Schleifscheibe NK 60-L5;
Emulsion 1 : 60

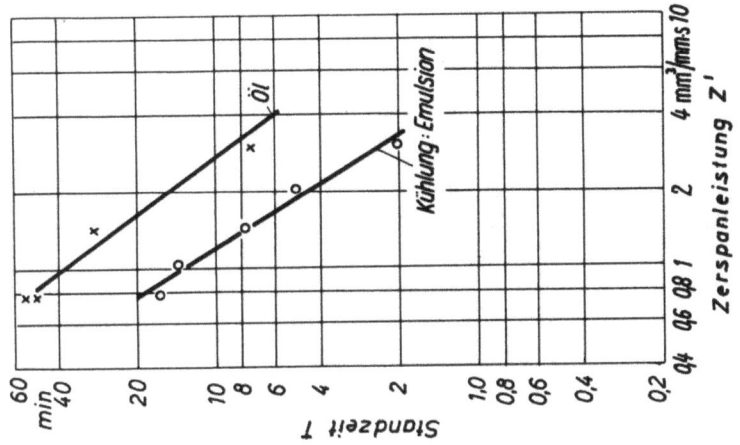

Abbildung 36
Einfluß der Kühlung
Werkstoff: Ck 45 N;
Schleifscheibe NK 60 - L 5;
Emulsion Oemeta (1:60)
Öl: Shell Macron 21

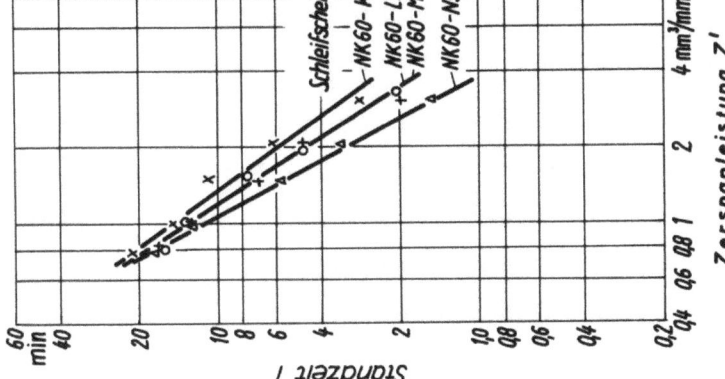

Abbildung 35
Einfluß der Schleifscheibenhärte
Werkstoff Ck 45 N;
Emulsion 1:60

Standzeit in Abhängigkeit von der Zerspanleistung beim Einstechschleifen

d_s = 400 mm; v_s = 28 m/s; d_w = 72 mm; b_w = 15 mm; v_w = 12 m/min; Standzeitkriterium: Rattern

Nebenzeit und Rüstzeit werden nicht berücksichtigt, da sie nicht mit den Zerspanbedingungen veränderlich sind. Die Hauptzeit beim Einstechschleifen ist: $t_h = \dfrac{\delta}{2 \cdot v_a}$ (min)

b) Energiekosten

$$K_E = N \cdot t_h \cdot k_e$$

c) Kosten durch den Schleifscheibenverschleiß:

$$K_S = \dfrac{S}{n_{wT}} \cdot k_S$$

S ist das Schleifscheibenverschleißvolumen am Standzeitende.

d) Kosten durch den Schleifscheibenverschleiß beim Abrichten:

$$K_{SA} = \dfrac{S_A}{n_{wT}} \cdot k_S = \dfrac{\sum a_A \cdot d_s \cdot \pi \cdot b_s}{n_{wT}} \cdot k_s$$

e) Lohnkosten für das Abrichten:

$$K_{LA} = L \, (1+g_s) \, \dfrac{t_A}{n_{wT}}$$

Die Abrichtzeit t_A setzt sich aus der Hauptzeit beim Abrichten $t_{Ah} = \dfrac{i_A \cdot b_s \cdot 1{,}2}{s_A \cdot n_s}$ und der Nebenzeit t_{An} zusammen.

Die Summe dieser Kostenanteile ergibt die mit den Zerspanbedingungen veränderlichen Fertigungskosten:

$$\Sigma K = K_F^x = K_L^x + K_E + K_S + K_{SA} + K_{LA}$$

Die verwendeten Formelzeichen sind auf Seite 75 zusammengestellt. Tabelle 2 enthält sämtliche der Berechnung zugrundegelegten Konstanten.

In Abbildung 38 sind für den Werkstückdurchmesser d_w = 40 mm die verschiedenen Kostenanteile und die Summenkurve in Abhängigkeit von der Zerspanleistung dargestellt. Die Werte gelten für das Einstechschleifen von Ck 45 N mit der Schleifscheibe NK 60-K5. Der Anteil der Energie- und Schleifscheibenverschleißkosten ist sehr gering, was sich ebenfalls bei anderen Werkstückdurchmessern und Scheibenkörnungen ergeben hat.

Tabelle 2

Konstanten für den Kostenvergleich beim Einstechschleifen

Formelzeichen	Erläuterung	Größe
Σa_A	Gesamtzustellung je Abrichtung Scheibe NK 120-K8 Scheibe NK 60-K5 Scheibe NK 36-K5	0,12 mm 0,2 mm 0,36 mm
b_s	Schleifscheibenbreite	40 mm
b_w	Werkstückbreite (Schleifbreite)	36 mm
d_s	Schleifscheibendurchmesser	400 mm
δ	Schleifzugabe $\quad d_w = 20$ mm $d_w = 40$ mm $d_w = 80$ mm $d_w = 160$ mm	0,35 mm 0,4 mm 0,45 mm 0,55 mm
g_s	Gemeinkostenfaktor der Schleiferei ohne den Energie- und Werkzeugkostenanteil	300 %
i_A	Zahl der Abrichthübe je Abrichtung	5
k_E	Energiekostenfaktor	10 DPf./kWh
k_S	Schleifscheibenkostenfaktor (einschließlich Diamantkosten)	3,5 DPf./cm^3
L	Stundenlohn des Schleifers	2 DM/h
n_s	Schleifscheibendrehzahl	1350 U/min
s_A	Abrichtvorschub pro Schleifscheibenumdrehung	0,08 mm/U
t_{An}	Nebenzeit beim Abrichten (nach REIBER [19])	0,3 min

Diese Kostenanteile können daher vernachlässigt werden. Die Fertigungslohnkosten K_L^x fallen hyperbolisch mit der Zerspanleistung ab. Die Kosten durch das Abrichten steigen mit zunehmender Zerspanleistung an, da beim Einstechschleifen das Standvolumen bzw. die Standzahl mit höherer Zerspanleistung geringer wird. Für die Fertigungskosten K_F^x sind also bei kleinen Zerspanleistungen die Fertigungslohnkosten entscheidend, bei hohen Zerspanleistungen aber die Abrichtkosten. Damit ergibt sich für die veränderlichen Fertigungskosten (obere Kurve) eindeutig ein Kostenminimum für eine bestimmte Zerspanleistung. Dies ist gleichbedeutend mit den kostengünstigen Einstellbedingungen für einen bestimmten Werkstoff und eine bestimmte Schleifscheibe.

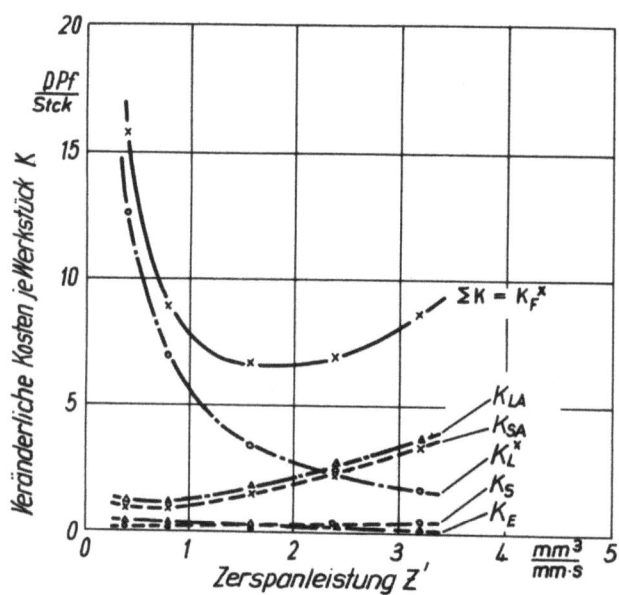

Abbildung 38

Veränderliche Kosten in Abhängigkeit von der Zerspanleistung
beim Einstechschleifen von Ck 45 N

Schleifscheibe NK 60 - K 5; 400 ∅ x 40 mm; v_s = 28 m/s;
d_w = 40 mm; b_w = 36 mm; v_w = 18 m/min; Emulsion 1 : 60

Konstanten s. Tabelle 2

Die Abbildungen 39, 40 und 41 zeigen den Kostenverlauf in Abhängigkeit von der Zerspanleistung für verschiedene Schleifscheiben und Werkstückdurchmesser. In den Diagrammen sind neben den Fertigungskosten auch die Rauhtiefen eingetragen. Sie stellen den Mittelwert der in einer Standzeit erzielten Rauhtiefen dar. Es fällt auf, daß die Kostenminima bei der Schleifscheibe NK 120-K8 am ausgeprägtesten sind (Abb. 39). Sie liegen bei einer Zerspanleistung von etwa $Z' = 0,8 \frac{mm^3}{mm \cdot s}$.

Aus Abbildung 40 geht hervor, daß sich das Kostenminimum mit zunehmendem Werkstückdurchmesser zu höheren Zerspanleistungen hin verschiebt. Es liegt für den Werkstückdurchmesser d_w = 20 mm bei der Zerspanleistung $Z' = 1,5 \frac{mm^3}{mm \cdot s}$, für d_w = 160 mm bei $Z' = 3 \frac{mm^3}{mm \cdot s}$. Abbildung 41 zeigt für die Schleifscheibe NK 36-K5 entsprechende Verhältnisse.

Zur Ermittlung der wirtschaftlichsten Schleifbedingungen und zur Abgrenzung der kostengünstigen Anwendungsbereiche für die einzelnen Schleifscheiben wird im folgenden ein Kostenvergleich im Hinblick auf die erzielten Oberflächengüten durchgeführt. In Abbildung 42 sind die Fertigungskosten in Abhängigkeit von der Rauhtiefe für einen Werkstückdurchmesser von d_w = 40 mm aufgetragen. Das Diagramm zeigt, daß die Schleifscheibe

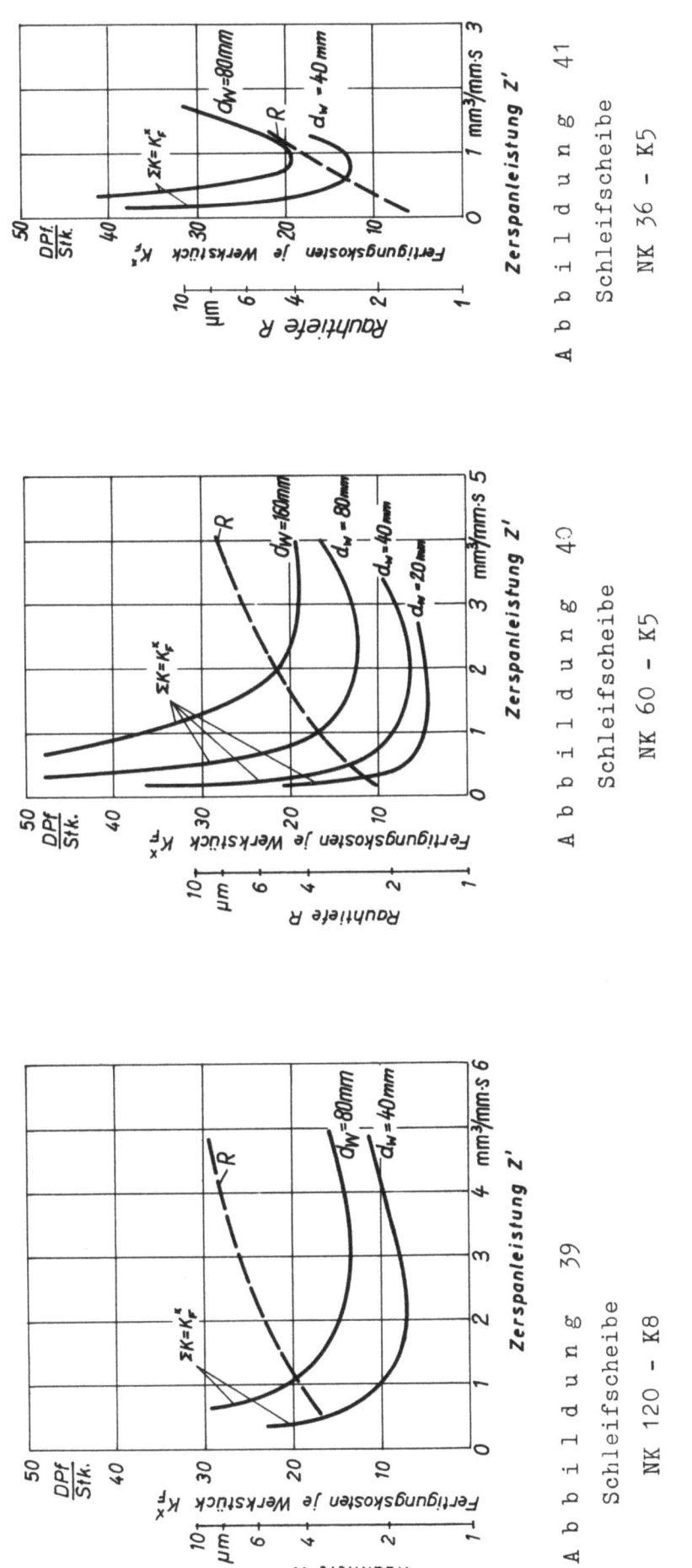

Fertigungskosten und Rauhtiefe in Abhängigkeit von der Zerspanleistung beim Einstechschleifen von Ck 45 N; d_s = 400 mm; b_s = 40 mm; b_w = 36 mm; v_s = 28 m/s; v_w = 18 m/min; Emulsion 1 : 60
Konstanten s. Tabelle 2

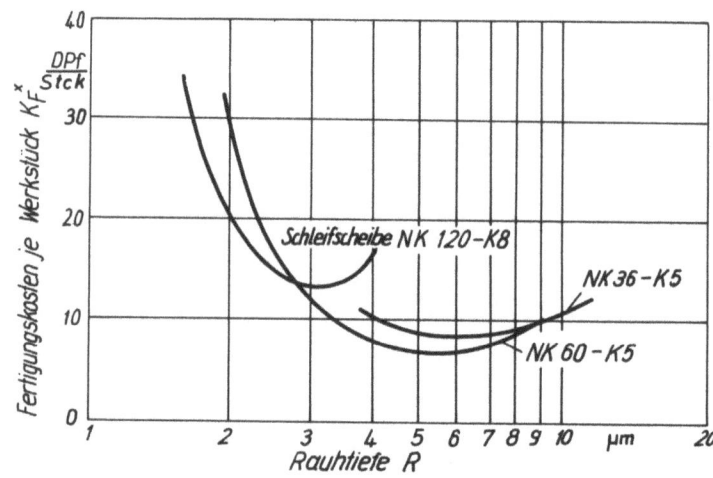

A b b i l d u n g   42

Fertigungskosten in Abhängigkeit von der Rauhtiefe
beim Einstechschleifen von Ck 45 N

Schleifscheiben 400 ∅ x 40 mm; Werkstücke 40 ∅ x 36 mm;

v_s = 28 m/s; v_w = 18 m/min; Emulsion 1 : 60

Konstanten s. Tabelle 2

NK 120-K8 bis zu einer Rauhtiefe von etwa 2,5 µm kostengünstig eingesetzt wird. Werden größere Rauhtiefen zugelassen, so können die Kosten durch den Einsatz der Körnung 60 noch wesentlich verringert werden, und zwar bis zu dem wirtschaftlichsten Bereich bei Rauhtiefen von etwa 5 µm. Die Anwendung der Scheibenkörnung 36 ergibt gegenüber der Körnung 60 keine weitere Kostensenkung; die Kostenunterschiede sind allerdings gering.

Der bisherige Kostenvergleich wurde beim Einstechschleifen ohne Ausfunken durchgeführt. Abbildung 43 zeigt die Fertigungskosten in Abhängigkeit von der Rauhtiefe für das Schleifen mit nachfolgendem Ausfunken. Dabei wird eine Ausfunkzeit von 8 sek zugrundegelegt, die für den Werkstückdurchmesser von 40 mm ausreichend ist. Aus dem Kostenverlauf für die Schleifscheiben NK 120-K8 und NK 60-K5 erkennt man, daß sich die geringsten Kosten bei der Körnung 60 ergeben. Der Einsatz der Körnung 120 ist nur bei Rauhtiefen unterhalb etwa 2 µm lohnend.

3. Außenrund- Einstechschleifen von hochwarmfesten Werkstoffen

Die Konstruktion neuzeitlicher Verbrennungskraftmaschinen verlangte die Entwicklung von Werkstoffen mit hohen Warmfestigkeitseigenschaften und ausreichender Korrosionsbeständigkeit. Die heute verfügbaren hochwarm-

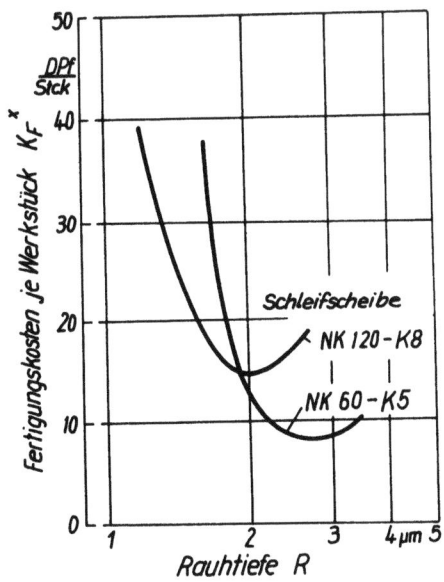

A b b i l d u n g   43
Fertigungskosten in Abhängigkeit von der Rauhtiefe
beim Einstechschleifen von Ck 45 N mit Ausfunken
Schleifscheiben 400 ⌀ x 40 mm; Werkstücke 40 ⌀ x 36 mm;
v_s = 28 m/s; v_w = 18 m/min; t_a = 8 sek; Emulsion 1 : 60
Konstanten s. Tabelle 2

festen Werkstoffe haben meist ein austenitisches Gefüge, sind zähhart und dadurch in der spanabhebenden Fertigung schwieriger zu verarbeiten. Die Funktionsfähigkeit der aus diesen Werkstoffen hergestellten Maschinenteile erfordert oft eine hohe Formgenauigkeit und Oberflächengüte, die eine Bearbeitung durch Schleifen nötig macht. Es wurden daher Schleifversuche an hochwarmfesten Werkstoffen durchgeführt, die auf früheren Untersuchungen von SCHWARTZ [20] aufbauten.

3.1 Versuchsumfang und Versuchsdurchführung

Die Versuche umfaßten das Einstechschleifen von zwei verschiedenen hochwarmfesten Werkstoffen, deren Zusammensetzung, Wärmebehandlung und technologische Eigenschaften aus Tabelle 3 hervorgehen. Da die früheren Untersuchungen gezeigt hatten, daß Korundschleifscheiben für das Schleifen von warmfesten Werkstoffen wenig geeignet sind, wurden nur Siliziumkarbidscheiben unterschiedlicher Körnung und Härte verwendet.

Das Versuchsprogramm geht aus Tabelle 4 hervor, wobei die eingeklammerten Bedingungen nicht in allen Kombinationen untersucht wurden.

Tabelle 3

Chemische Zusammensetzung, Wärmebehandlung und technologische Eigenschaften der untersuchten hochwarmfesten Werkstoffe

Werkstoff	Zusammensetzung (Angaben in %; Werte abgerundet)								
	C	Cr	Ni	Mo	Mn	Si	V	Ta/Nb	N_2
I	0,08	16	12,5	2,2	1,2	0,8	-	1,3	-
II	0,08	17	13	1,5	1,3	0,5	0,7	1,0	0,1
	Wärmebehandlung								
I	Glühen 1/4 h bei 1100 °C; Abkühlung in Luft								
II	Glühen 1/4 h bei 1130 °C; Abkühlung in Wasser; Glühen 5 h bei 750 °C; Abkühlung in Luft								
	Technologische Eigenschaften								
	σ_B [kg/mm^2]		$\sigma_{0,2}$ [kg/mm^2]		δ [%]			HB_{30} [kg/mm^2]	
I	62		30		46			173	
II	68		35		39			183	

Tabelle 4

Versuchsprogramm für das Einstechschleifen der hochwarmfesten Werkstoffe

Schleifscheiben	SC 50-G4; (SC 50-I4); SC 50-K4; SC 80-G4; SC 80-K4
d_s [mm]	400
v_s [m/s]	12; 20; (24); (30); (36)
Z' [mm^3/mm·s]	0,35; 0,7; 1,0; 2,0
v_w [m/min]	9; 24
Abrichten: s_A [mm/U] a_A [mm]	0,05 0,2 und 0,005 0,02

Die Versuchsmaschine war eine Außenrundschleifmaschine Fortuna USE 1000. Die Schleifproben in den Abmessungen 90 ⌀ x 12 mm wurden auf einem stabilen Dorn aufgenommen. Als Kühlmittel wurde Emulsion (1:60) verwendet. Geschliffen wurde bis zu einer Gesamtzustellung der Schleifscheibe von 1,5 mm.

Als Bewertungsgrößen für das Schleifverhalten dienten der Schleifscheibenverschleiß und die Oberflächengüte der Werkstücke. Der Verschleiß wurde durch die Messung der Radiusabnahme mit Blechplättchen bestimmt (s. S. 28), die Rauhtiefe wurde mit dem Rauhtester nach LEITZ gemessen.

3.2 Versuchsergebnisse

3.21 Die Werkstückrauhtiefe

Die Auswertung der Rauhtiefenmessungen erfolgte zunächst in Abhängigkeit vom zerspanten Werkstückvolumen. Als Beispiel zeigt Abbildung 44 für den Werkstoff I, daß wie beim Einstechschleifen von Baustählen auch bei den

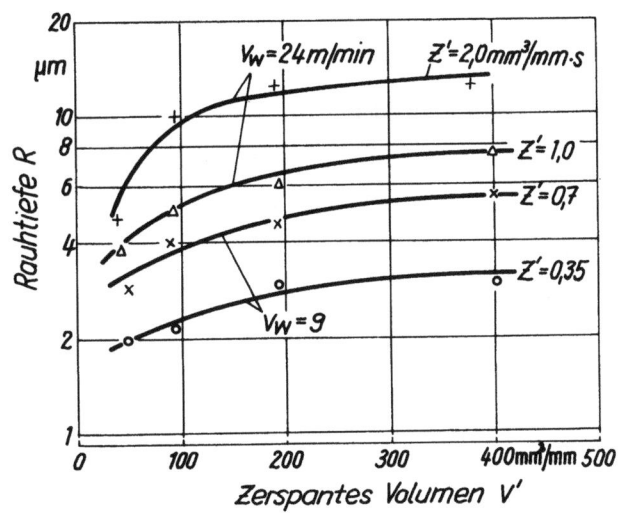

A b b i l d u n g   44

Rauhtiefenverlauf für verschiedene Zerspanleistungen beim Einstechschleifen des hochwarmfesten Werkstoffes I

Schleifscheibe SC 50 - K 4; d_s = 400 mm; v_s = 20 m/s; d_w = 90 mm; b_w = 12 mm; Emulsion 1 : 60

hochwarmfesten Werkstoffen ein Anstieg der Rauhtiefe mit dem zerspanten Volumen auftritt, und zwar bereits bei relativ kleinen Zerspanleistungen. Für eine Darstellung der Abhängigkeiten von den verschiedenen Einflußgrößen wurden die Rauhtiefenwerte für $V' = 200 \frac{mm^3}{mm}$ zugrundegelegt.

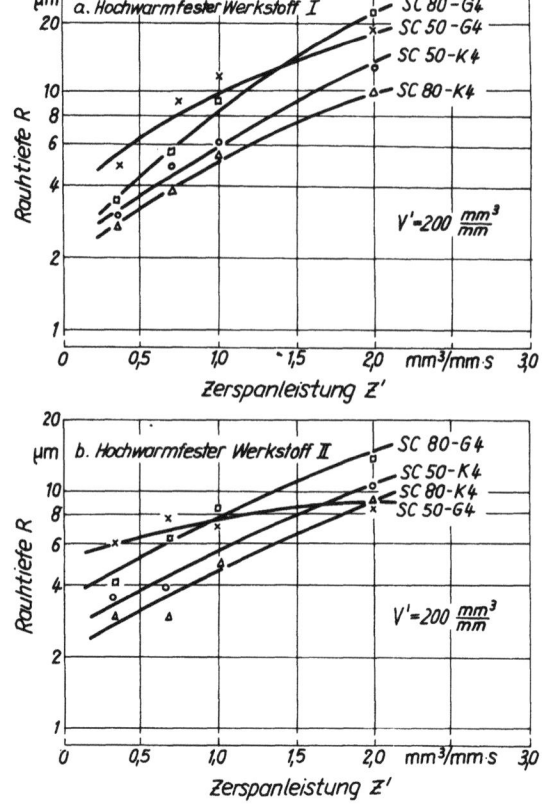

A b b i l d u n g   45

Rauhtiefe in Abhängigkeit von der Zerspanleistung für
verschiedene Schleifscheiben beim Einstechschleifen
der hochwarmfesten Werkstoffe I und II

d_s = 400 mm; v_s = 20 m/s; d_w = 90 mm; b_w = 12 mm; v_w = 9u.24 m/min;
Emulsion 1 : 60

Abbildung 45 zeigt, daß die Rauhtiefe für die Werkstoffe I und II bei allen untersuchten Schleifscheiben mit zunehmender Zerspanleistung ansteigt. Die Schleifscheiben der Härte K erzeugten im allgemeinen geringere Rauhtiefen als die der Härte G. Bei den Scheiben der Härte K ergab die Körnung 80 im gesamten Bereich der Zerspanleistungen eine etwas bessere Oberflächengüte als die Körnung 50. Bei den Scheiben der Härte G wurden dagegen mit der feineren Körnung nur bis zu einer Zerspanleistung von etwa $Z' = 1 \frac{mm^3}{mm \cdot s}$ geringere Rauhtiefen erzielt.

Aus Abbildung 46 geht hervor, daß die Rauhtiefe durch Erhöhung der Schleifscheibengeschwindigkeit von 13 auf 20 m/s abnimmt. Eine Beeinflussung der Rauhtiefe durch die Abrichtbedingungen konnte nicht beobachtet werden.

Seite 48

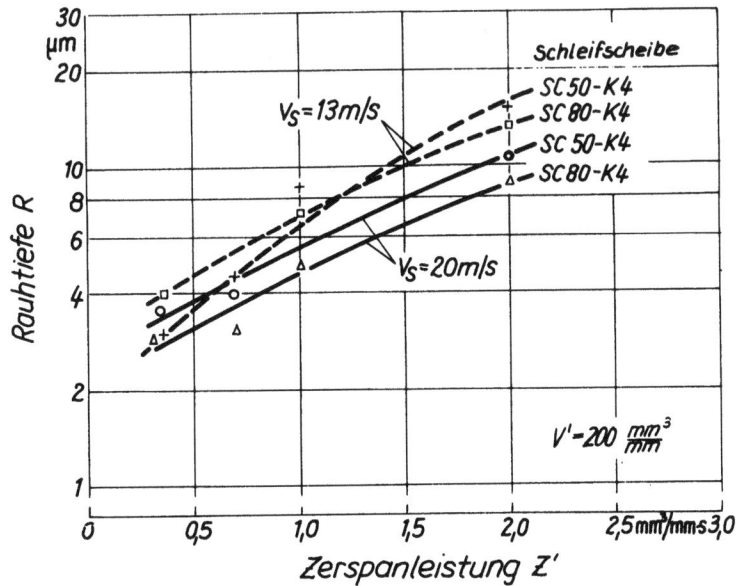

Abbildung 46

Rauhtiefe für verschiedene Schleifscheibengeschwindigkeiten beim Einstechschleifen des hochwarmfesten Werkstoffes II

d_s = 400 mm; d_w = 90 mm; b_w = 12 mm; v_w = 9 u. 24 m/min; Emulsion 1 : 60

3.22 Der Schleifscheibenverschleiß

Bei den Schleifversuchen konnte die starke Verschleißwirkung der hochwarmfesten Werkstoffe, die sich bereits bei den früheren Untersuchungen ergeben hatte [20], bestätigt werden.

In Abbildung 47 ist für vergleichbare Schleifbedingungen der Verschleißverlauf für die Werkstoffe I und II und die Stähle Ck 45 und 16 Mn Cr 5 dargestellt. Das Verschleißvolumen steigt bei den warmfesten Werkstoffen proportional mit dem zerspanten Volumen an. Die Radiusabnahme der Schleifscheibe liegt jedoch wesentlich höher als bei Baustählen und nimmt Werte an, die der mittleren Korngröße entsprechen. Der Verschleiß erfolgt bei warmfesten Werkstoffen hauptsächlich durch Kornausbruch. Unterschiedliche Abrichtbedingungen ergaben keinen Einfluß auf den Scheibenverschleiß, da die vom Diamanten geformte Oberflächenschicht der Schleifscheibe sehr bald abgenutzt wird.

Abbildung 48 zeigt in zusammenfassender Darstellung für die Werkstoffe I und II den Einfluß von Zerspanleistung, Schleifscheibenhärte und Körnung auf das Verschleißverhältnis φ_s (s. S. 30). Danach steigt der Verschleiß bei allen untersuchten Schleifscheiben leicht progressiv mit der Zerspanleistung an. Mit abnehmender Scheibenhärte wird der Verschleiß

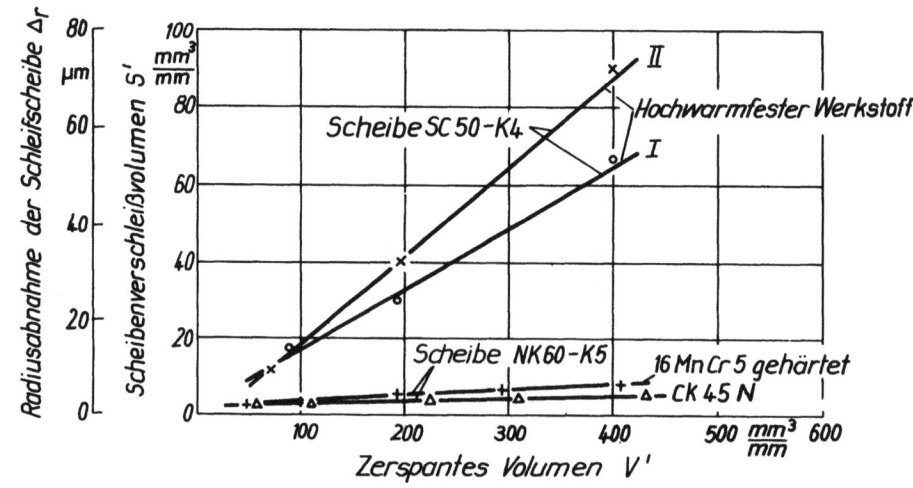

Abbildung 47

Schleifscheibenverschleiß beim Einstechschleifen
von Baustählen und hochwarmfesten Werkstoffen

d_s = 400 mm; v_s = 20 m/s; d_w = 72 bzw. 90 mm, Z' = 0,7 $\frac{mm^3}{mm \cdot s}$;
v_w = 9 m/min; Emulsion 1 : 60

eindeutig größer; die Unterschiede zwischen den Härten I und K sind jedoch geringer als zwischen den Härten G und I. Die feinere Scheibenkörnung 80 ergab gegenüber der Körnung 50 bei der Härte G im gesamten Bereich der Zerspanleistung, bei der Härte K jedoch erst bei größeren Zerspanleistungen als Z' = 0,5 $\frac{mm^3}{mm \cdot s}$ höhere Verschleißwerte. Der Werkstoff II mit einer etwas höheren Festigkeit als Werkstoff I zeigte unter gleichen Schleifbedingungen eine größere Verschleißwirkung.

Abbildung 49 macht deutlich, daß durch Änderung der Scheibengeschwindigkeit eine Beeinflussung des Verschleißes möglich ist; und zwar ergibt sich für eine Scheibengeschwindigkeit von etwa 25 m/s ein Verschleißminimum.

4. Richtwerte für das Außenrundschleifen

Die bei den Richtwertuntersuchungen ermittelten Versuchsergebnisse wurden in Form von Richtwerttafeln für den praktischen Gebrauch zusammengefaßt. Entsprechend dem Versuchsprogramm wurden Richtwerttafeln für das Einstechschleifen von Ck 45 N, 16 Mn Cr 5 (gehärtet), 30 Cr Ni Mo 8 (vergütet) und zwei hochwarmfesten Werkstoffen sowie für das Längsschleifen von Ck 45 N aufgestellt (s.S.58 bis 72).

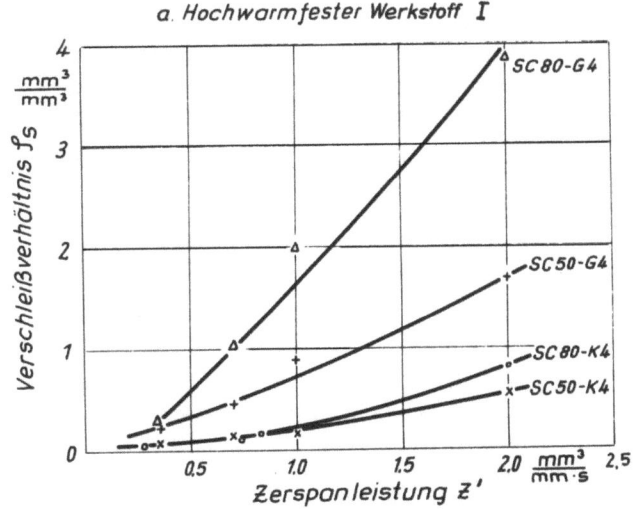

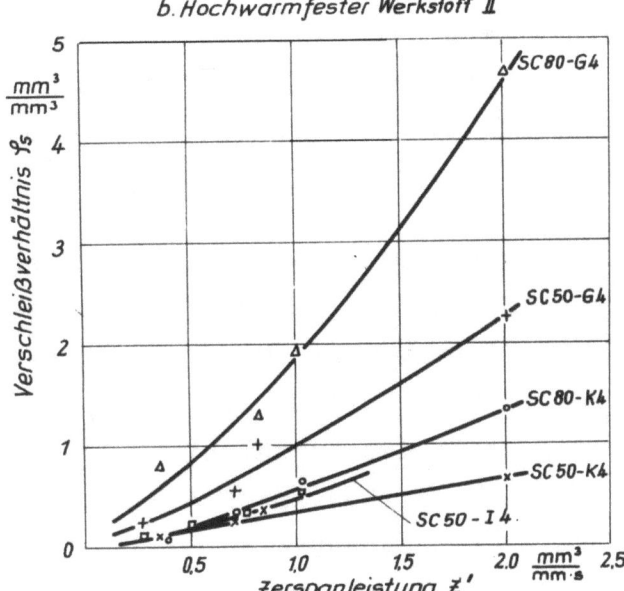

Abbildung 48

Verschleißverhältnis in Abhängigkeit von der Zerspanleistung
für verschiedene Schleifscheiben beim Einstechschleifen der
hochwarmfesten Werkstoffe I und II

d_s = 400 mm; v_s = 20 m/s; d_w = 90 mm; b_w = 12 mm; v_w = 9 u. 24 m/min;
Emulsion 1 : 60

In den Tafeln sind zunächst neben Angaben über den Werkstoff die Randbedingungen, wie Schleifscheibe, Scheibengeschwindigkeit, Kühlung und Abrichtbedingungen aufgeführt. Sie stellen für den jeweiligen Werkstoff die günstigen Bedingungen dar und grenzen den Gültigkeitsbereich der Richtwerte ab. Die Einstellbedingungen an der Maschine wurden für verschiedene Werkstückdurchmesser im Hinblick auf die erzielbaren

Seite 51

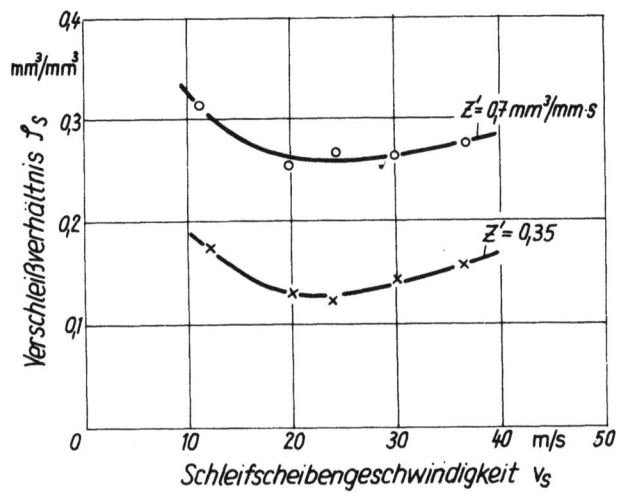

A b b i l d u n g   49
Verschleißverhältnis in Abhängigkeit von der Schleifscheibengeschwindigkeit beim Einstechschleifen des
hochwarmfesten Werkstoffes II
Schleifscheibe SC 50 - K 4; d_s = 400 mm; d_w = 90 mm; b_w = 12 mm;
v_w = 9 m/min; Emulsion 1 : 60

Werkstückrauhtiefen angegeben. Dabei wurde von dem Ergebnis ausgegangen, daß die Oberflächengüte im wesentlichen von der angewendeten Zerspanleistung abhängt. Die Rauhtiefenmaßzahlen R und R_a wurden in geometrisch gestuften Bereichen aufgeführt. Für den Zusammenhang zwischen den beiden Maßzahlen wurde näherungsweise das Verhältnis R/R_a = 5 zugrundegelegt. Von Angaben über den Schleifscheibenverschleiß wurde bei den Baustählen abgesehen, da hierbei die Radiusabnahme der Schleifscheibe bis zum Standzeitende nur etwa 10 bis 15 µm betrug. Die Tafeln für das Einstechschleifen von Baustählen enthalten noch Angaben über die Leistungsaufnahme des Schleifspindelmotors beim Schleifen. Im folgenden sollen die Richtwerttafeln für die einzelnen Werkstoffe besprochen werden.

4.1 Einstechschleifen von Ck 45 N

Die Untersuchungen haben gezeigt, daß für das Einstechschleifen von Ck 45 N der Einsatz der Scheibenkörnung 60 in einem weiten Bereich der Zerspanleistung und der erzeugten Rauhtiefen am kostengünstigsten ist (s. Abb. 42). Zur Erzielung hoher Oberflächengüten erwiesen sich dagegen die Körnungen 120 und 220 als vorteilhafter. Die groben Körnungen 36 und 24 sind für das Feinschleifen wenig geeignet, da sich bei ihrer Anwendung bei etwa gleichen Standzeiten höhere Rauhtiefen als mit der Körnung 60 ergaben. Es wurden daher nur Richtwerttafeln für die Schleifscheiben NK 60-K5, NK 120-K8 und NK 220-K8 aufgestellt, und zwar einmal

für das Einstechschleifen ohne Ausfunken (Tafeln 1 bis 4), zum anderen
für das Einstechschleifen mit nachfolgendem Ausfunken (Tafeln 5 bis 8).
Die Wahl der Körnungen 120 und 220 besagt nicht, daß andere feinkörnige
Scheiben, wie zum Beispiel die Körnung 80, weniger geeignet sind, sie
ergibt sich vielmehr aus dem durchgeführten Versuchsprogramm. Die
Schleifscheiben- und Werkstückgeschwindigkeiten wurden im Hinblick auf
hohe Standzeiten gewählt. Die Abrichtbedingungen wurden der jeweiligen
Scheibenkörnung angepaßt, um hohe Rauhtiefen zu Beginn des Schleifvorganges zu vermeiden. Für die feineren Scheibenkörnungen wurden daher
feinere Abrichtbedingungen angegeben.

Anhand der Tafel 1, die für das Einstechschleifen mit der Schleifscheibe
NK 60-K5 ohne Ausfunken gültig ist, soll der grundsätzliche Aufbau der
Richtwerttafeln näher erläutert werden. Im Kopf der Tafel sind die
Randbedingungen aufgeführt. Die ersten beiden Zeilen der Tabelle enthalten die Bereiche für die Rauhtiefenmaßzahlen R und R_a. Für verschiedene Werkstückdurchmesser (erste Spalte) sind in der Mitte der Tabelle
die Einstechgeschwindigkeiten eingetragen, bei deren Anwendung die Rauhtiefen in einer Standzeit innerhalb der aufgeführten Rauhtiefenbereiche
lagen. Während die Einstechgeschwindigkeiten im wesentlichen maßgebend
für die erzielten Rauhtiefen sind und daher eingehalten werden sollten,
hat die Werkstückgeschwindigkeit nur einen sehr geringen Einfluß auf
die Oberflächengüte. Es ist daher ausreichend, wenn für die in Spalte 2
eingetragenen Werkstückdrehzahlen die nächstgelegenen, an der Schleifmaschine verfügbaren Drehzahlen eingestellt werden. Bei den aufgeführten Einstechgeschwindigkeiten können durch anschließendes Ausfunken die
Rauhtiefen um die in Zeile 3 angegebenen Prozentsätze verbessert werden.
Der kostengünstige Anwendungsbereich im Vergleich zu den anderen
Scheibenkörnungen ist stark umrandet. Rauhtiefen von R = 1,5 bis 2,5 μm
lassen sich kostengünstiger mit einer feineren Scheibenkörnung erreichen.
Eine Verringerung der Einstechgeschwindigkeiten zugunsten kleinerer
Rauhtiefen bewirkt eine Erhöhung der Fertigungskosten. Die hohen Ein-
stechgeschwindigkeiten außerhalb des umrandeten Bereiches sind nur bei
stabilen Werkstücken und starren Schleifmaschinen zu empfehlen.

Aus dem unteren Teil der Richtwerttabelle kann die Leistungsaufnahme
des Schleifspindelmotors N' beim Schleifen je 10 mm Schleifbreite entnommen werden. Die Werte gelten jeweils für die Einstechgeschwindigkeiten der darüberliegenden Spalten. Die erforderliche Antriebsleistung
des Schleifspindelmotors ergibt sich daraus zu

$$N = N' \cdot \frac{b_w}{10} + N_o \quad (kW).$$

Dabei ist N_o die Leerlaufleistung des Motors.

Die erforderliche Schleifzeit für ein Werkstück berechnet sich aus der Schleifzugabe δ und der Einstechgeschwindigkeit v_a zu

$$t_h = \frac{\delta}{2 \cdot v_a} \quad (min).$$

Die Versuche ergaben, daß bei den Schleifscheiben der Körnung 60 und der Härten K, L und M praktisch keine Unterschiede im Schleifergebnis auftraten. Die vorliegende Tabelle kann daher auch für die Scheibenhärten L und M angewendet werden.

Die Tafeln 2 und 3 gelten für das Einstechschleifen ohne Ausfunken mit den Schleifscheiben NK 120-K8 und NK 220-K8. Sie zeigen den gleichen Aufbau wie Tafel 1. Die kostengünstigen Anwendungsbereiche sind stark umrandet und erstrecken sich auf die Erzielung geringer Rauhtiefen. Die Anwendung höherer Einstechgeschwindigkeiten oberhalb der oberen Begrenzungslinie ist grundsätzlich möglich. Zweckmäßiger werden jedoch in diesen Bereichen gröbere Körnungen eingesetzt.

Die Tafel 4 stellt eine Zusammenfassung der Tafeln 1 bis 3 dar und enthält für das Einstechschleifen ohne Ausfunken die kostengünstigen Schleifbedingungen, die zur Erzielung bestimmter Rauhtiefen gewählt werden sollten. Für die einzelnen Rauhtiefenbereiche sind Angaben über die Schleifscheiben, die Abrichtbedingungen und die Einstellwerte aufgeführt. Die Fertigungskosten nehmen mit steigender Einstechgeschwindigkeit ab. Das Minimum der Fertigungskosten für das Einstechschleifen von Ck 45 N wurde mit der Schleifscheibe NK 60-K5 erreicht, und zwar bei den Einstechgeschwindigkeiten, die vor der rechten äußeren Begrenzungslinie der Tabelle liegen. Diese Einstechgeschwindigkeiten sollten verwendet werden, wenn die erzielten Rauhtiefen ausreichend sind.

Die Tafeln 5 bis 7 wurden für das Einstechschleifen mit nachfolgendem Ausfunken aufgestellt, und zwar für die Schleifscheiben NK 60-K5, NK 120-K8 und NK 220-K8. Für die einzelnen Rauhtiefenbereiche sind in den Tabellen neben den Einstechgeschwindigkeiten noch die Ausfunkzeiten angegeben. Da die Ausfunkzeiten außer von den Einstellbedingungen an der Maschine und dem Werkstückdurchmesser wesentlich von der Werkstück-

form und der Starrheit der Einspannung abhängen, stellen die Angaben
über die Ausfunkzeit nur Anhaltswerte dar. Wird der Schruppzustellung
eine Feinzustellung nachgeschaltet, so können die Ausfunkzeiten herabgesetzt werden. Die kostengünstigen Einstellbedingungen wurden wieder
durch eine starke Umrandung gekennzeichnet.

Tafel 8 enthält für das Einstechschleifen mit Ausfunken die kostengünstigen Anwendungsbereiche für alle untersuchten Schleifscheiben. In dieser Tafel wurden für die einzelnen Rauhtiefenbereiche neben den Schleifscheiben und Abrichtbedingungen nur die Einstechgeschwindigkeiten angegeben. Die erforderlichen Ausfunkzeiten sind den Tafeln 5 bis 7 zu entnehmen. Das Minimum der Fertigungskosten liegt wiederum bei der Schleifscheibe NK 60-K5, und zwar für die Einstechgeschwindigkeiten unterhalb
der rechten äußeren Begrenzungslinie.

4.2 Einstechschleifen von 16 Mn Cr 5 und 30 Cr Ni Mo 8

Für die Werkstoffe 16 Mn Cr 5 (gehärtet) und 30 Cr Ni Mo 8 (vergütet)
wurden die Richtwerttafeln 9 und 10 für das Einstechschleifen ohne Ausfunken für die Schleifscheibe NK 60-K5 aufgestellt. Die Tafeln haben
den gleichen Aufbau wie Tafel 1. Durch die stark ausgezogene Linie im
oberen Teil der Tabellen wird der wirtschaftliche Schleifbereich abgegrenzt. Die Anwendung der Einstechgeschwindigkeiten rechts dieser Grenzlinie verursacht wegen des starken Standzeitabfalles eine Erhöhung der
Fertigungskosten. Durch Ausfunken kann eine Rauhtiefenverbesserung von
etwa 30 % erzielt werden.

4.3 Längsschleifen von Ck 45 N

Für das Längsschleifen von Ck 45 N wurden Richtwerttafeln für die
Schleifscheibenbreiten b_s = 20;40 und 80 mm aufgestellt (Tafeln 11-13).

Die erzielbaren Oberflächengüten sind auch beim Längsschleifen bei gegebener Schleifscheibe und Scheibengeschwindigkeit in der Hauptsache von
der Zerspanleistung und damit nach Formel (6) für jeden Werkstückdurchmesser von der Zustellung a und der Tischgeschwindigkeit v_1 abhängig.
In den Tafeln sind daher diese Einstellgrößen für die einzelnen Rauhtiefenbereiche angegeben. Dabei wurde berücksichtigt, daß bei den meisten Schleifmaschinen die Zustellung nur in Stufen von 2,5 μm verändert
werden kann. Hinsichtlich der Überschliffzahl, die neben der Zerspanleistung einen Einfluß auf die Rauhtiefe hat, stellte sich heraus, daß

dieser Einfluß bei Überschliffzahlen oberhalb $\frac{b_s}{s} = 3$ vernachlässigbar klein ist. Auf Grund dieser Tatsache wurden die Einstellwerte für Überschliffzahlen von $\frac{b_s}{s} = 3$ bis 4 gewählt. Somit dürfen die angegebenen Werkstückdrehzahlen nicht unterschritten werden.

Die verschiedenen Schleifscheibenbreiten wurden den Zerspanleistungen zugeordnet, d.h., daß für hohe Zerspanleistungen auch eine große Scheibenbreite gewählt wurde. In den Tabellen für die einzelnen Scheibenbreiten sind die jeweilig günstigen Einstellbedingungen (Zerspanleistungen) durch starke Umrandung hervorgehoben. Für die Einstellwerte außerhalb dieser Bereiche wird zweckmäßig eine andere Scheibenbreite angewendet. Für jeden Rauhtiefenbereich ist in den Tabellen zusätzlich die durch Ausfunken mögliche Rauhtiefenverbesserung angegeben.

In Tafel 14 sind die günstigen Schleifbereiche für die verschiedenen Schleifscheibenbreiten zusammengestellt. Eine genaue Abgrenzung der Anwendungsbereiche und die Angabe kostengünstiger Einstellbedingungen kann jedoch erst anhand reproduzierbarer Standzeitwerte durch eine Kostenrechnung erfolgen.

4.4 Einstechschleifen von hochwarmfesten Werkstoffen

Die hochwarmfesten Werkstoffe zeigten beim Schleifen im Vergleich zu den Baustählen eine sehr viel größere Verschleißwirkung. Bei der Wahl der Schleifbedingungen muß daher neben der erzeugten Oberflächengüte vor allem der Schleifscheibenverschleiß berücksichtigt werden. Für die untersuchten Werkstoffe kommen Siliziumkarbidscheiben der Körnung 60 und der Härten I und K in Frage. Als günstigste Schleifscheibengeschwindigkeit ergab sich $v_s = 25$ m/s. Die Zerspanleistung sollte mit Rücksicht auf den Verschleiß und die Ratterneigung den Wert $Z' = 1 \frac{mm^3}{mm \cdot s}$ nicht überschreiten.

Die Richtwerttafel 15 gilt für das Einstechschleifen der hochwarmfesten Werkstoffe I und II ohne Ausfunken. Im Kopf der Tafel stehen die Angaben über die Werkstoffe und die Randbedingungen. Aus der Richtwerttabelle lassen sich für die verschiedenen Rauhtiefenbereiche und Werkstückdurchmesser die Einstechgeschwindigkeiten ablesen. Links von der stark ausgezogenen Linie liegt der zweckmäßige Schleifbereich. Durch Ausfunken kann eine Rauhtiefenverbesserung von etwa 30 % erzielt werden.

Im unteren Abschnitt der Tabelle wurde für beide Werkstoffe das Verschleißverhältnis φ_s für die darüberliegenden Einstechgeschwindigkeiten eingetragen. Die Angabe $\varphi_s = 0{,}25$ besagt zum Beispiel, daß bei einer Zunahme des zerspanten Volumens um $\Delta V' = 100 \frac{mm^3}{mm}$ das Schleifscheibenverschleißvolumen um $\Delta S' = 25 \frac{mm^3}{mm}$ wächst.

4.5 Richtwerttafeln

Die Richtwerttafeln sind auf den Seiten 58 bis 72 zusammengestellt.

Im folgenden soll die Anwendung der Tafeln an zwei Beispielen erläutert werden.

a) Es wird angenommen, daß Werkstücke aus CK 45 N beim Einstechschleifen bearbeitet werden, deren Rauhtiefe nicht größer als $R = 2{,}5$ μm sein darf. Es soll mit Ausfunken geschliffen werden.

Der Werkstückdurchmesser sei $d_w = 55$ mm, die Schleifbreite $b_w = 40$ mm und die Schleifzugabe $\delta = 0{,}4$ mm. In Tafel 8 (S. 65) für das Außenrund-Einstechschleifen von Ck 45 N mit Ausfunken ist für den Rauhtiefenbereich von 1,5 - 2,5 μm die Schleifscheibe NK 60-K5 empfohlen. Der Abrichtvorschub ist $s_A = 0{,}1$ mm, die Abrichtzustellung $a_A = 3 \times 0{,}06 + 2 \times 0{,}02$ mm.

Die Einstellbedingungen werden zweckmäßig aus der Tafel 5 (S. 62) entnommen. Für $d_w = 55$ mm (erste Spalte) erhält man für die Werkstückdrehzahl $n_w \approx 100$ U/min. Für den Rauhtiefenbereich von $R = 1{,}5 - 2{,}5$ μm ergibt sich die Einstechgeschwindigkeit $v_a = 0{,}2$ mm/min und eine Ausfunkzeit von $t_a = 0{,}14$ min. Die Schleifzeit ist dann: $t_h = \frac{\delta}{2 \cdot v_a} + t_a = 1{,}14$ min. Die Antriebsleistung beim Schleifen pro 10 mm Schleifbreite (unterste Zeile der Tab.) ist $N' = 0{,}45 \frac{kW}{10\,mm}$. Bei einer Leerlaufleistung von $N_o = 0{,}5$ kW ist die erforderliche gesamte Antriebsleistung für $b_w = 40$ mm: $N = 2{,}3$ kW.

b) Für die Werkstücke mit den oben angegebenen Abmaßen sei keine bestimmte Oberflächengüte vorgeschrieben. Es bestehe nur die Forderung, daß der Schleifvorgang unter minimalen Kosten durchgeführt werden soll.

Somit sind die wirtschaftlichen Einstellbedingungen, die bei der Schleifscheibe NK 60-K5 liegen, aus der Tafel 5 zu entnehmen. Sie entsprechen den Werten, die an der oberen stark ausgezogenen Begrenzungslinie liegen. Dabei ergibt sich zwangsläufig eine Rauhtiefe von 2,5 bis 4 μm. Man erhält für $d_w = 55$ mm: $v_a = 0{,}85$ mm/min und $t_a = 0{,}26$ min. Die erforderliche Antriebsleistung des Schleifspindelmotors ist $N = 5{,}1$ kW.

Richtwerttafel 1: Außenrund-Einstechschleifen von Ck 45 N (ohne Ausfunken)

Werkstoff: Ck 45 normalisiert
Festigkeit: $\sigma_B \approx 65$ kg/mm²
Schleifscheibe: NK 60 - K5 ke; 400 mm ⌀
Scheibengeschwindigkeit: 28 m/s ± 10 %
Kühlung: Emulsion 1 : 60
Abrichtvorschub: $s_A = 0,1$ mm/U
Abrichtzustellung: $a_A = 3 \times 0,06$ mm + $2 \times 0,02$ mm

Rauhtiefe R [µm]	1,5 - 2,5	2 - 3	2,5 - 4	3 - 5	4 - 6	5 - 8	6 - 10
Mittenrauhwert R_a [µm]	0,3 - 0,5	0,4 - 0,6	0,5 - 0,8	0,6 - 1,0	0,8 - 1,2	1,0 - 1,6	1,2 - 2,0
Rauhtiefenverbesserung durch Ausfunken	20%	25%	30%	35%	40%	45%	50%
Werkstück-⌀ d_w [mm] / n_w [U/min]			Einstechgeschwindigkeit v_a [mm/min]				
20 - 25 / 250	0,18	0,36	0,59	1,0	1,6	-	-
25 - 30 / 200	0,14	0,28	0,48	0,81	1,3	-	-
30 - 40 / 160	0,11	0,22	0,38	0,65	1,05	1,5	-
40 - 50 / 125	0,09	0,18	0,31	0,52	0,85	1,2	-
50 - 65 / 100	0,07	0,14	0,25	0,42	0,68	1,0	-
65 - 80 / 80	0,06	0,11	0,2	0,34	0,55	0,81	-
80 - 100 / 65	0,05	0,09	0,16	0,28	0,44	0,65	-
100 - 125 / 50	0,04	0,07	0,13	0,22	0,36	0,53	0,75
125 - 160 / 40	0,03	0,06	0,11	0,18	0,29	0,42	0,6
Leistungsaufnahme beim Schleifen: N' (kW pro 10 mm Schleifbreite)	0,2	0,35	0,5	0,75	1,0	1,25	1,5

Richtwerttafel 2: Außenrund-Einstechschleifen von Ck 45 N (ohne Ausfunken)

Werkstoff: Ck 45 normalisiert
Festigkeit: $\sigma_B \approx 65$ kg/mm^2
Schleifscheibe: NK 120 - K8 ke, 400 mm $\emptyset$
Scheibengeschwindigkeit: 28 m/s $\pm$ 10 %
Kühlung: Emulsion : 60
Abrichtvorschub $s_A = 0,08$ mm/U
Abrichtzustellung: $a_A = 3 \times 0,04$ mm + 1 $\times$ 0,02 mm + 1 $\times$ ohne Zustellung

Rauhtiefe R [µm]	1,2 - 2	1,5 - 2,5	2 - 3	2,5 - 4
Mittenrauhwert R$_a$ [µm]	0,25 - 0,4	0,3 - 0,5	0,4 - 0,6	0,5 - 0,8
Rauhtiefenverbesserung durch Ausfunken	20%	24%	27%	30%
n_w [U/min]	\multicolumn{4}{c}{Einstechgeschwindigkeit v_a [mm/min]}

Werkstück-$\emptyset$ dw [mm]	n_w [U/min]				
20 - 25	160	0,13	0,25	0,45	0,68
25 - 30	125	0,1	0,2	0,36	0,55
30 - 40	100	0,08	0,16	0,28	0,44
40 - 50	80	0,06	0,13	0,22	0,36
50 - 65	65	0,05	0,1	0,18	0,29
65 - 80	50	0,04	0,08	0,14	0,23
80 - 100	40	0,03	0,06	0,11	0,19
100 - 125	30	-	0,05	0,09	0,15
125 - 160	25	-	0,04	0,07	0,12
Leistungsaufnahme beim Schleifen N' (kW pro 10 mm Schleifbreite)		0,18	0,25	0,33	0,4

Seite 59

Richtwerttafel 3: Außenrund-Einstechschleifen von Ck 45 N (ohne Ausfunken)

Werkstoff: Ck 45 normalisiert
Festigkeit: $\sigma_B \approx 65$ kg/mm²
Schleifscheibe: NK 220 - K8 ke, 400 mm ∅
Scheibengeschwindigkeit: 28 m/s ± 10 %
Kühlung: Emulsion 1 : 60
Abrichtvorschub: $s_A = 0{,}06$ mm/U
Abrichtzustellung: $a_A = 2 \times 0{,}04$ mm + $1 \times 0{,}02$ mm + 2×ohne Zustellung

Rauhtiefe R [μm]	1 - 1,5	1,2 - 2	1,5 - 2,5	2 - 3
Mittenrauhwert R_a [μm]	0,2 - 0,3	0,25 - 0,4	0,3 - 0,5	0,4 - 0,6
Rauhtiefenverbesserung durch Ausfunken	20%	22%	24%	25%
Werkstück ∅ dw [mm] / n_w [U/min]	\multicolumn{4}{c}{Einstechgeschwindigkeit v_a [mm/min]}

Werkstück ∅ dw [mm]	n_w [U/min]				
20 - 25	160	0,13	0,2	0,28	0,36
25 - 30	125	0,1	0,16	0,22	0,28
30 - 40	100	0,08	0,13	0,18	0,22
40 - 50	80	0,06	0,1	0,14	0,18
50 - 65	65	0,05	0,08	0,11	0,14
65 - 80	50	0,04	0,06	0,09	0,11
80 - 100	40	0,03	0,05	0,07	0,09
100 - 125	30	-	0,04	0,06	0,07
125 - 160	25	-	0,03	0,05	0,06
Leistungsaufnahme beim Schleifen N' (kW pro 10 mm Schleifbreite)		0,18	0,22	0,26	0,30

Richtwerttafel 4: Außenrund-Einstechschleifen von Ck 45 N (ohne Ausfunken)

Werkstoff: Ck 45 normalisiert
Festigkeit: $\sigma_B \approx 65 \text{ kg/mm}^2$
Scheibendurchmesser: $d_s = 400$ mm
Scheibengeschwindigkeit: 28 m/s ± 10 %
Kühlung: Emulsion 1 : 60

Rauhtiefe R [μm]	1-1,5	1,2-2	1,5-2,5	2-3	2,5-4	3-5	4-6	5-8	6-10
Mittenrauhwert R_a [μm]	0,2-0,3	0,2-0,4	0,3-0,5	0,4-0,6	0,5-0,8	0,6-1,0	0,8-1,2	1,0-1,6	1,2-2,0
Rauhtiefenverbesserung durch Ausfunken	20%	20%	24%	25%	30%	35%	40%	45%	50%
Schleifscheibe	NK 220-K8	NK 120-K8			NK 60-K5				
Abrichtvorschub s_A [mm/U]	0,06	0,08			0,1				
Abrichtzustellung a_A [mm]	2x0,04mm+ 1x0,02mm+ 2x ohne Zustellung	3x0,04 mm+1x 0,02 mm+1x ohne Zustellung			3 x 0,06 mm + 2 x 0,02 mm				

Werkstück-∅ d_w [mm]	Einstechgeschwindigkeit v_a [mm/min]								
20 - 25	0,13	0,13	0,25	0,36	0,59	1,0	1,6	-	-
25 - 30	0,1	0,1	0,2	0,28	0,48	0,81	1,3	-	-
30 - 40	0,08	0,08	0,16	0,22	0,38	0,65	1,05	1,5	-
40 - 50	0,06	0,06	0,13	0,18	0,31	0,52	0,85	1,2	-
50 - 65	0,05	0,05	0,1	0,14	0,25	0,42	0,68	1,0	-
65 - 80	0,04	0,04	0,08	0,11	0,2	0,34	0,55	0,81	-
80 - 100	0,03	0,03	0,06	0,09	0,16	0,28	0,44	0,65	-
100 - 125	-	0,05	0,07	0,13	0,22	0,36	0,53	0,75	
125 - 160	-	-	0,04	0,06	0,11	0,18	0,29	0,42	0,6

Werkstückgeschwindigkeit v_w [m/min]	ca. 11			ca. 18					

Leistungsaufnahme beim Schleifen: N' (kW pro 10 mm Schleifbreite)									
0,18	0,18	0,25	0,35	0,5	0,75	1,0	1,25	1,5	

Richtwerttafel 5: Außenrund-Einstechschleifen von Ck 45 N (mit Ausfunken)

Werkstoff: Ck 45 normalisiert
Festigkeit: $\sigma_B \approx 65$ kg/mm^2
Schleifscheibe: NK 60 - K5 ke; 400 mm $\emptyset$
Scheibengeschwindigkeit: 28 m/s $\pm$ 10 %
Kühlung: Emulsion 1 : 60
Abrichtvorschub: $s_A = 0,1$ mm/U
Abrichtzustellung: $a_A = 3 \times 0,06$ mm $+ 2 \times 0,02$ mm

Rauhtiefe R [µm]		1,2 - 2		1,5 - 2,5		2 - 3		2,5 - 4		3 - 5	
Mittenrauhwert R_a [µm]		0,25 - 0,4		0,3 - 0,5		0,4 - 0,6		0,5 - 0,8		0,6 - 1,0	
Werkstück-$\emptyset$ dw [mm]	n_w [U/min]	v_a [mm/min]	t_a [min]	v_a [mm/min]	t_a [min]	v_a [mm/min]	t_a [min]	v_a [mm/min]	t_a [min]	v_a [mm/min]	t_a [min]
20 - 25	250	0,18	0,06	0,5	0,1	1,3	0,12	-	-	-	-
25 - 30	200	0,14	0,06	0,4	0,1	1,05	0,14	-	-	-	-
30 - 40	160	0,11	0,08	0,32	0,12	0,85	0,16	1,3	0,2	-	-
40 - 50	125	0,09	0,08	0,25	0,12	0,68	0,18	1,05	0,24	-	-
50 - 65	100	0,07	0,1	0,2	0,14	0,55	0,22	0,85	0,26	-	-
65 - 80	80	0,06	0,12	0,16	0,16	0,44	0,25	0,68	0,3	-	-
80 - 100	65	0,05	0,14	0,13	0,2	0,36	0,3	0,55	0,36	-	-
100 - 125	50	0,04	0,16	0,1	0,25	0,29	0,35	0,44	0,42	0,75	0,5
125 - 160	40	0,03	0,2	0,08	0,3	0,23	0,4	0,36	0,5	0,6	0,6
Leistungsaufnahme beim Schleifen: N' (kW pro 10 mm Schleifbreite)		0,2		0,45		0,85		1,15		1,5	

Richtwerttafel 6: Außenrund-Einstechschleifen von Ck 45 N (mit Ausfunken)

Werkstoff: Ck 45 normalisiert
Festigkeit: $\sigma_B \approx 65$ kg/mm²
Schleifscheibe: NK 120 - K8 ke; 400 mm ⌀
Scheibengeschwindigkeit: 28 m/s ± 10 %
Kühlung: Emulsion 1 : 60
Abrichtvorschub: $s_A = 0{,}08$ mm/U
Abrichtzustellung: $a_A = 3 \times 0{,}04$ mm + 1 × 0,02 mm + 1 × ohne Zustellung

Rauhtiefe R [µm]		1 - 1,5		1,2 - 2		1,5 - 2,5	
Mittenrauhwert R_a [µm]		0,2 - 0,3		0,25 - 0,4		0,3 - 0,5	
Werkstück-⌀ dw [mm]	n_w [U/min]	v_a [mm/min]	t_a [min]	v_a [mm/min]	t_a [min]	v_a [mm/min]	t_a [min]
20 - 25	160	0,18	0,06	0,36	0,08	0,68	0,1
25 - 30	125	0,14	0,06	0,28	0,08	0,55	0,12
30 - 40	100	0,11	0,08	0,22	0,1	0,44	0,14
40 - 50	80	0,09	0,08	0,18	0,1	0,36	0,16
50 - 65	65	0,07	0,1	0,14	0,12	0,29	0,18
65 - 80	50	0,06	0,12	0,11	0,14	0,23	0,2
80 - 100	40	0,05	0,14	0,09	0,18	0,19	0,24
100 - 125	30	0,04	0,16	0,07	0,22	0,15	0,28
125 - 160	25	0,03	0,2	0,06	0,25	0,12	0,35
Leistungsaufnahme beim Schleifen : N' (kW pro 10 mm Schleifbreite)		0,2		0,3		0,4	

Seite 63

Richtwerttafel 7: Außenrund-Einstechschleifen von Ck 45 N (mit Ausfunken)

Werkstoff: Ck 45 normalisiert
Festigkeit: $\sigma_B \approx 65$ kg/mm²
Schleifscheibe: NK 220 - K8 ke; 400 mm ⌀
Scheibengeschwindigkeit: 28 m/s ± 10 %

Kühlung: Emulsion 1 : 60
Abrichtvorschub: $s_A = 0,06$ mm/U
Abrichtzustellung: $a_A = 2 \times 0,04$ mm + $1 \times 0,02$ mm + $2 \times$ ohne Zustellung

Rauhtiefe R [μm]		0,8 - 1,2		1,0 - 1,5		1,2 - 2,0	
Mittenrauhwert R_a [μm]		0,15 - 0,25		0,2 - 0,3		0,25 - 0,4	
Werkstück-⌀ d_w [mm]	n_w [U/min]	v_a [mm/min]	t_a [min]	v_a [mm/min]	t_a [min]	v_a [mm/min]	t_a [min]
20 - 25	160	0,13	0,05	0,2	0,06	0,32	0,08
25 - 30	125	0,1	0,06	0,16	0,08	0,25	0,08
30 - 40	100	0,08	0,06	0,13	0,08	0,2	0,1
40 - 50	80	0,06	0,08	0,1	0,1	0,16	0,1
50 - 65	65	0,05	0,08	0,08	0,1	0,13	0,12
65 - 80	50	0,04	0,10	0,06	0,12	0,1	0,14
80 - 100	40	0,03	0,12	0,05	0,14	0,08	0,18
100 - 125	30	-	-	0,04	0,16	0,06	0,22
125 - 160	25	-	-	0,03	0,2	0,05	0,25
Leistungsaufnahme beim Schleifen: N' (kW pro 10 mm Schleifbreite)		0,18		0,23		0,28	

Richtwerttafel 8: Außenrund-Einstechschleifen von Ck 45 N (mit Ausfunken)

Werkstoff: Ck 45 normalisiert
Festigkeit: $\sigma_B \approx 65$ kg/mm²
Scheibendurchmesser: $d_s = 400$ mm
Scheibengeschwindigkeit: 28 m/s ± 10 %
Kühlung: Emulsion 1 : 60

Rauhtiefe R [μm]	0,8 – 1,2	1,0 – 1,5	1,2 – 2	1,5 – 2,5	2 – 3	2,5 – 4	3 – 5
Mittenrauhwert R_a [μm]	0,15 – 0,25	0,2 – 0,3	0,25 – 0,4	0,3 – 0,5	0,4 – 0,6	0,5 – 0,8	0,6 – 1,0
Schleifscheibe	NK 220 – K8 ke	NK 120 – K8 ke			NK 60 – K5 ke		
Abrichtvorschub s_A [mm/U]	0,06	0,08			0,1		
Abrichtzustellung a_A	2 x 0,04 mm + 1 x 0,02 mm + 2 x ohne Zustellung	3 x 0,04 mm + 1 x 0,02 mm + 2 x ohne Zustellung			3 x 0,06 mm + 2 x 0,02 mm		

Werkstück-⌀ d_w [mm]	Einstechgeschwindigkeit v_a [mm/min]						
20 – 25	0,13	0,18	0,36	0,5	1,3	–	–
25 – 30	0,10	0,14	0,28	0,4	1,05	–	–
30 – 40	0,08	0,11	0,22	0,32	0,85	1,3	–
40 – 50	0,06	0,09	0,18	0,25	0,68	1,05	–
50 – 65	0,05	0,07	0,14	0,2	0,55	0,85	–
65 – 80	0,04	0,06	0,11	0,16	0,44	0,68	–
80 – 100	0,03	0,05	0,09	0,13	0,36	0,55	–
100 – 125	–	0,04	0,07	0,1	0,29	0,44	0,75
125 – 160	–	0,03	0,06	0,08	0,23	0,36	0,6
Werkstückgeschwindigkeit v_w [m/min]	ca. 11				ca. 18		

Leistungsaufnahme beim Schleifen: N' (kW pro 10 mm Schleifbreite)

| 0,18 | 0,2 | 0,3 | 0,45 | 0,85 | 1,15 | 1,5 |

Ausfunkzeiten t_a siehe Richtwerttafeln 5, 6, 7

Richtwerttafel 9: Außenrund-Einstechschleifen von 16 Mn Cr 5 (ohne Ausfunken)

Werkstoff: 16 Mn Cr 5 einsatzgehärtet Kühlung: Emulsion 1 : 60
Rockwellhärte: HR_c = 58 kg/mm² Abrichtvorschub: s_A = 0,1 mm/U
Schleifscheibe: NK 60 - K5 ke; 400 mm ⌀ Abrichtzustellung: a_A = 3 x 0,06 mm + 2 x 0,02 mm
Scheibengeschwindigkeit: 28 m/s ± 10 %

Rauhtiefe R [µm]		1,5 - 2,5	2 - 3	2,5 - 4	3 - 5	4 - 6
Mittenrauhwert R_a [µm]		0,3 - 0,5	0,4 - 0,6	0,5 - 0,8	0,6 - 1,0	0,8 - 1,2
Werkstück-⌀ d_w [mm]	n_w [U/min]	\multicolumn{5}{c}{Einstechgeschwindigkeit v_a [mm/min]}				
40 - 50	125	0,09	0,18	0,31	0,52	0,85
50 - 65	100	0,07	0,14	0,25	0,42	0,68
65 - 80	80	0,06	0,11	0,2	0,34	0,55
80 - 100	65	0,05	0,09	0,16	0,28	0,44
		\multicolumn{5}{c}{Leistungsaufnahme beim Schleifen N' (kW pro 10 mm Schleifbreite)}				
		0,3	0,45	0,65	0,9	1,2

Rauhtiefenverbesserung durch Ausfunken etwa 30 %

Richtwerttafel 10: Außenrund-Einstechschleifen von 30 Cr Ni Mo 8 (ohne Ausfunken)

Werkstoff: 30 Cr Ni Mo 8 vergütet Kühlung: Emulsion 1 : 60
Festigkeit: $\sigma_B \approx 120$ kg/mm² Abrichtvorschub: $s_A = 0,1$ mm/U
Schleifscheibe: NK 60 - K5 ke; 400 mm ⌀ Abrichtzustellung: $a_A = 3 \times 0,06$ mm $+ 2 \times 0,02$ mm
Scheibengeschwindigkeit: 28 m/s $\pm$ 10 %

Rauhtiefe R [μm]	1,5 - 2,5	2 - 3	2,5 - 4	3 - 5	4 - 6	5 - 8
Mittenrauhwert R_a [μm]	0,3 - 0,5	0,4 - 0,6	0,5 - 0,8	0,6 - 1,0	0,8 - 1,2	1,0 - 1,6
Werkstück-⌀ d_w [mm] / n_w [U/min]	\multicolumn{6}{c}{Einstechgeschwindigkeit v_a [mm/min]}
40 - 50 / 125	0,09	0,18	0,28	0,36	0,5	0,68
50 - 65 / 100	0,07	0,14	0,22	0,29	0,4	0,55
65 - 80 / 80	0,06	0,11	0,18	0,23	0,32	0,44
80 - 100 / 65	0,05	0,09	0,14	0,19	0,26	0,36
Leistungsaufnahme beim Schleifen: N' (kW pro 10 mm Schleifbreite)	0,2	0,35	0,5	0,65	0,85	1,1

Rauhtiefenverbesserung durch Ausfunken etwa 30 %

Seite 67

Richtwerttafel 11: Außenrund-Längsschleifen von Ck 45 N (ohne Ausfunken)

Werkstoff: Ck 45 normalisiert Scheibengeschwindigkeit: 28 m/s ± 10 %
Festigkeit: $\sigma_B \approx 65$ kg/mm² Kühlung: Emulsion 1 : 60
Schleifscheibe: NK 60 - L5 ke Abrichtvorschub: $s_A = 0,1$ mm/U
Scheibenabmessungen: 20 mm x 400 mm ∅ Abrichtzustellung: $a_A = 3 \times 0,06$ mm+2x0,02 mm

Rauhtiefe R [µm]	1 - 1,5	1,2 - 2	1,5 - 2,5	2 - 3
Mittenrauhwert R_a [µm]	0,2 - 0,3	0,25 - 0,4	0,3 - 0,5	0,4 - 0,6
Rauhtiefenverbesserung durch Ausfunken	15%	18%	20%	25%
Zustellung a [µm/H]	5	7,5	10	15
Werkstück - ∅ dw [mm] / n_w [U/min]		Tischgeschwindigkeit v_l [m/min]		
30 - 40 / 125	0,8	0,8	0,9	0,9
40 - 50 / 100	0,65	0,65	0,7	0,7
50 - 65 / 80	0,5	0,5	0,55	0,55
65 - 80 / 65	0,4	0,4	0,45	0,45
80 - 100 / 50	0,3	0,3	0,35	0,35
100 - 125 / 40	0,25	0,25	0,28	0,28
125 - 160 / 30	0,2	0,2	0,22	0,22

Richtwerttafel 12: Außenrund-Längsschleifen von Ck 45 N (ohne Ausfunken)

Werkstoff: Ck 45 normalisiert Scheibengeschwindigkeit: 28 m/s ± 10 %
Festigkeit: $\sigma_B \approx 65$ kg/mm² Kühlung: Emulsion 1 : 60
Schleifscheibe: NK 60 - L5 ke Abrichtvorschub: $s_A = 0,1$ mm/U
Scheibenabmessungen: 40 mm x 400 mm ⌀ Abrichtzustellung: $a_A = 3 \times 0,06$ mm + $2 \times 0,02$ mm

Rauhtiefe R [µm]	1 - 1,5	1,2 - 2	1,5 - 2,5	2 - 3	2,5 - 4
Mittenrauhwert R_a [µm]	0,2 - 0,3	0,25 - 0,4	0,3 - 0,5	0,4 - 0,6	0,5 - 0,8
Rauhtiefenverbesserung durch Ausfunken	15%	18%	20%	25%	30%
Zustellung a [µm/H]	2,5	5	7,5	10	12,5
Werkstück-⌀ dw [mm] / n_w [U/min]	Tischgeschwindigkeit v_l [m/min]				
30 - 40 / 125	1,5	1,5	1,5	1,6	1,8
40 - 50 / 100	1,2	1,2	1,2	1,3	1,4
50 - 65 / 80	0,95	0,95	0,95	1,0	1,1
65 - 80 / 65	0,75	0,75	0,75	0,8	0,9
80 - 100 / 50	0,6	0,6	0,6	0,65	0,7
100 - 125 / 40	0,48	0,48	0,48	0,5	0,55
125 - 160 / 30	0,38	0,38	0,38	0,4	0,45

Richtwerttafel 13: Außenrund-Längsschleifen von Ck 45 N (ohne Ausfunken)

Werkstoff: Ck 45 normalisiert Scheibengeschwindigkeit: 28 m/s ± 10 %
Festigkeit: $\sigma_B \approx 65$ kg/mm² Kühlung: Emulsion 1 : 60
Schleifscheibe: NK 60 - L5 ke Abrichtvorschub: $s_A = 0,1$ mm/U
Scheibenabmessungen: 80 mm x 400 mm ⌀ Abrichtzustellung: $a_A = 3 \times 0,06$ mm $+ 2 \times 0,02$ mm

Rauhtiefe R [µm]	1,5 - 2,5	2 - 3	2,5 - 4	3 - 5	4 - 6
Mittenrauhwert R_a [µm]	0,3 - 0,5	0,4 - 0,6	0,5 - 0,8	0,6 - 1,0	0,8 - 1,2
Rauhtiefenverbesserung durch Ausfunken	20%	25%	30%	35%	40%
Zustellung a [µm/H]	5	7,5	10	15	20
Werkstück-⌀ dw [mm] / n_w [U/min]		Tischgeschwindigkeit v_l [m/min]			
30 - 40 / 125	2,4	2,5	2,7	2,7	3,2
40 - 50 / 100	1,9	2,0	2,1	2,1	2,5
50 - 65 / 80	1,5	1,6	1,7	1,7	2,0
65 - 80 / 65	1,2	1,3	1,3	1,3	1,6
80 - 100 / 50	0,95	1,0	1,1	1,1	1,3
100 - 125 / 40	0,75	0,8	0,85	0,85	1,0
125 - 160 / 30	0,6	0,65	0,67	0,67	0,8

Richtwerttafel 14: Außenrund-Längsschleifen von Ck 45 N (ohne Ausfunken)

Werkstoff: Ck 45 normalisiert
Festigkeit: $\sigma_B \approx 65$ kg/mm^2
Schleifscheibe: NK 60 - L5 ke;
Scheibendurchmesser: $d_s = 400$ mm
Scheibengeschwindigkeit: 28 m/s $\pm$ 10 %
Kühlung: Emulsion 1 : 60
Abrichtvorschub: $s_A = 0,1$ mm/U
Abrichtzustellung: $a_A = 3 \times 0,06$ mm $+ 2 \times 0,02$ mm

Rauhtiefe R [µm]	1 - 1,5	1,2 - 2	1,5 - 2,5	2 - 3	2,5 - 4	3 - 5	4 - 6
Mittenrauhwert R_a [µm]	0,2 - 0,3	0,25 - 0,4	0,3 - 0,5	0,4 - 0,6	0,5 - 0,8	0,6 - 1,0	0,8 - 1,2
Rauhtiefenverbesserung durch Ausfunken	15%	18%	20%	25%	30%	35%	40%
Scheibenbreite b_s [mm]	20	20	40	40	80	80	80
Zustellung a [µm/H]	5	7,5	7,5	10	10	15	20
Werkstück-∅ d_w [mm] / n_w [U/min]	\multicolumn{7}{c}{Tischgeschwindigkeit v_l [m/min]}
30 - 40 / 125	0,8	0,8	1,5	1,6	2,7	2,7	3,2
40 - 50 / 100	0,65	0,65	1,2	1,3	2,1	2,1	2,5
50 - 65 / 80	0,5	0,5	0,95	1,0	1,7	1,7	2,0
65 - 80 / 65	0,4	0,4	0,75	0,8	1,3	1,3	1,6
80 - 100 / 50	0,3	0,3	0,6	0,65	1,1	1,1	1,3
100 - 125 / 40	0,25	0,25	0,48	0,5	0,85	0,85	1,0
125 - 160 / 30	0,2	0,2	0,38	0,4	0,67	0,67	0,8

Richtwerttafel 15: Außenrund-Einstechschleifen von hochwarmfesten Werkstoffen (ohne Ausfunken)

Werk- stoff	Zusammensetzung (Angaben in %)								Wärmebehandlung	Technologische Eigenschaften			
	C	Cr	Ni	Mo	Mn	Si	V	Ta/Nb	N$_2$		σ_B [kg/mm²]	$\sigma_{0,2}$ [kg/mm²]	δ [%]	HB$_{30}$ [kg/mm²]
I	0,08	16	12,5	2,2	1,2	0,8	-	1,3	-	1/4h bei 1100°C: Ab- kühlung in Luft	62	30	46	173
II	0,08	17	13	1,5	1,3	0,5	0,7	1,0	0,1	1/4h bei 1130°C: Ab- kühlung in Wasser; 5h 750°C, Luft	68	35	39	183

Schleifscheibe: SC 50 - K4 ke; 400 mm⌀
Scheibengeschwindigkeit: v_s = 25 m/s $\pm$ 10 %
Kühlung: Emulsion 1 : 60
Abrichtvorschub: s_A = 0,1 mm/U
Abrichtzustellung: a_A = 3 x 0,06 mm + 2 x 0,02 mm

Rauhtiefe R [μm]	2 - 3	2,5 - 4	3 - 5	4 - 6	5 - 8
Mittenrauhwert R$_a$ [μm]	0,4 - 0,6	0,5 - 0,8	0,6 - 1,0	0,8 - 1,2	1,0 - 1,5
Werkstück-⌀ dw [mm] / n$_w$ [U/min]	Einstechgeschwindigkeit v_a [mm/min]				
50 - 65 / 100	0,12	0,18	0,25	0,32	0,4
65 - 80 / 80	0,1	0,14	0,2	0,25	0,32
80 - 100 / 65	0,08	0,11	0,16	0,2	0,25
100 - 125 / 50	0,06	0,09	0,13	0,16	0,2
	Verschleißverhältnis φ_s [mm³/mm³]				
Werkstoff I	0,1	0,12	0,15	0,18	0,22
Werkstoff II	0,14	0,19	0,25	0,32	0,4

5. Zusammenfassung

Der vorliegende Bericht enthält die Ergebnisse von Richtwertuntersuchungen beim Außenrundschleifen verschiedener Werkstoffe. Zur Begrenzung des Versuchsumfanges wurden nur bei dem Stahl Ck 45 N alle Einflußgrößen auf den Schleifvorgang systematisch untersucht, während für die Stähle 16 Mn Cr 5 (gehärtet) und 30 Cr Ni Mo 8 (vergütet) und für zwei hochwarmfeste Werkstoffe lediglich die maßgebenden Einflußfaktoren verändert wurden. Als Bewertungsgrößen für den Schleifvorgang und das Schleifergebnis dienten die Werkstückrauhtiefe, der Schleifscheibenverschleiß und die Standzeit.

Die Werkstückrauhtiefe wird beim Schleifen im wesentlichen durch die Zerspanleistung, die Schleifscheibengeschwindigkeit und die Scheibenkörnung beeinflußt. Die Rauhtiefe wird größer mit zunehmender Zerspanleistung. Sie wird durch Erhöhung der Scheibengeschwindigkeit und die Anwendung einer feineren Scheibenkörnung verringert. Dies gilt aber für jede Körnung nur bis zu einer bestimmten Grenzzerspanleistung. Durch das Ausfunken im Anschluß an den eigentlichen Schleifvorgang können die Rauhtiefen wesentlich herabgesetzt werden.

Die Verschleißmessung bei den Baustählen ergab, daß die Radiusabnahme der Schleifscheibe bis zum Standzeitende nicht größer als etwa 15 μm ist. Hinsichtlich der verschiedenen Einflußfaktoren wurden nur geringe Unterschiede gefunden, so daß sich aus der Messung der Radiusabnahme keine eindeutigen Rückschlüsse auf den Schleifvorgang ziehen lassen. Bei den hochwarmfesten Werkstoffen war der Verschleiß um mindestens das Zehnfache größer als bei den Baustählen. Der Verschleiß steigt hierbei progressiv mit der Zerspanleistung an. Er ist um so geringer, je härter die Schleifscheibe ist.

Bei der Auswertung der Standzeiten wurden eindeutige Beziehungen zu den Einflußgrößen nur beim Einstechschleifen gefunden. Aus den dargestellten Standzeitkurven für das Einstechschleifen von Ck 45 N ergaben sich für die Schleifscheibe NK 60-K5 als optimale Einstellbedingungen: eine Werkstückgeschwindigkeit von etwa 18 m/min und eine Scheibengeschwindigkeit von etwa 28 m/s.

Aus einem Kostenvergleich zeigte sich, daß das Kostenminimum beim Einstechschleifen von Ck 45 N mit der Schleifscheibe der Körnung 60 erreicht wird. Lediglich zur Erzielung hoher Oberflächengüten ist der

Einsatz feinerer Scheibenkörnungen lohnend. Dagegen erwiesen sich die groben Körnungen 24 und 36 für das Feinschleifen als wenig geeignet.

Bei den hochwarmfesten Werkstoffen, bei denen keine Standzeitversuche durchgeführt wurden, erfolgte die Beurteilung auf Grund des Schleifscheibenverschleißes. Danach können für das Einstechschleifen der untersuchten Werkstoffe Siliziumkarbidscheiben der Körnung 60 und der Härte I und K empfohlen werden. Die günstigste Schleifscheibengeschwindigkeit liegt bei etwa 25 m/s.

Beim Schleifen mit Ölkühlung konnten gegenüber Emulsionskühlung die Oberflächengüte verbessert, der Schleifscheibenverschleiß verringert und die Standzeiten wesentlich erhöht werden. Als nachteilig erwiesen sich bei Ölkühlung die entstehenden Ölnebel. Wegen der geringen Kühlwirkung wurde ferner die Werkstücktemperatur besonders bei hoher Zerspanleistung und hoher Scheibengeschwindigkeit stark erhöht, so daß Brandmarken auftraten.

Die Versuchsergebnisse wurden für die Praxis in Form von Richtwerttafeln im Hinblick auf erzielbare Oberflächengüten und kostengünstige Schleifbedingungen zusammengefaßt. Bei Anwendung der Richtwerte darf nicht außer Acht gelassen werden, daß es sich hierbei nur um Anhaltswerte handeln kann, da zur Reproduzierbarkeit der Ergebnisse die Versuchsbedingungen von großer Bedeutung sind. Mit den Richtwerttafeln wird jedoch die Möglichkeit gegeben, die jeweils günstigen Arbeitsbedingungen für verschiedene Bearbeitungsfälle zu bestimmen.

Prof. Dr.-Ing. Dr.h.c. Herwart Opitz
Dipl.-Ing. Helmut Frank

6. Verzeichnis der Formelzeichen

Formelzeichen	Einheit	Erläuterung
a	[µm/H]; [µm/U]	Zustellung pro Hub bzw. je Werkstückumdrehung, bezogen auf den Radius
a_A	[mm]	Abrichtzustellung
b_s	[mm]	Schleifscheibenbreite
b_w	[mm]	Werkstückbreite (Schleifbreite beim Einstechschleifen)
d_s	[mm]	Schleifscheibendurchmesser
d_w	[mm]	Werkstückdurchmesser
δ	[mm]	Schleifzugabe bez. auf den Durchmesser
g_s	-	Gemeinkostenfaktor der Schleiferei ohne den Energie- und Werkzeug-Kostenanteil
i_a	-	Zahl der Ausfunkhübe beim Längsschleifen
i_A	-	Zahl der Abrichthübe je Abrichtung
k_E	[DPf./kWh]	Energiekostenfaktor
K_E	[DPf./Stck]	Energiekosten
K_F^x	[DPf./Stck]	Fertigungskosten (Summe der veränderlichen Kostenanteile)
K_L^x	[DPf./Stck.]	Fertigungslohnkosten unter Vernachlässigung von Neben- und Rüstzeit
K_{L_A}	[DPf./Stck.]	Lohnkosten für das Abrichten
k_s	[DPf./cm³]	Schleifscheibenkostenfaktor
K_s	[DPf./Stck.]	Kosten durch Schleifscheibenverschleiß
K_{s_A}	[DPf./Stck.]	Kosten durch Schleifscheibenverschleiß beim Abrichten
l_w	[mm]	Werkstücklänge (bearbeitet)
L	[DM/h]	Stundenlohn des Schleifers
n_s	[U/min]	Schleifscheibendrehzahl

Formelzeichen	Einheit	Erläuterungen
n_w	[U/min]	Werkstückdrehzahl
n_{wT}	-	Standzahl
N; N'	[kW]; $\left[\frac{kW}{10\ mm}\right]$	Leistungsaufnahme des Schleifspindelmotors beim Schleifen
φ_s	$\left[\frac{mm^3}{mm^3}\right]$	Verschleißverhältnis
Δr	[μm]	Radiusabnahme der Schleifscheibe
s	[mm/U]	Vorschub je Werkstückumdrehung
s_A	[mm/U]	Abrichtvorschub je Schleifscheibenumdrehung
S; S'	[mm³]; [mm³/mm]	Schleifscheibenverschleißvolumen
t_a	[s]; [min]	Ausfunkzeit
t_A	[min]	Abrichtzeit
t_{Ah}	[min]	Hauptzeit beim Abrichten
t_{An}	[min]	Nebenzeit beim Abrichten
t_h	[min]	Hauptzeit beim Schleifen
T	[min]	Standzeit der Schleifscheibe
u	-	Überschliffzahl
v_a	[mm/min]	Einstechgeschwindigkeit
v_l	[m/min]	Tischgeschwindigkeit
v_s	[m/s]	Schleifscheibengeschwindigkeit
v_w	[m/min]	Werkstückgeschwindigkeit
V; V'	[mm³]; [mm³/mm]	Zerspantes Werkstückvolumen
V_T	[mm³]	Standvolumen
Z; Z'	$\left[\frac{mm^3}{s}\right]$; $\left[\frac{mm^3}{mm \cdot s}\right]$	Zerspanleistung

7. Literaturverzeichnis

[1] ADB - AWF Betriebsblatt AWF 76 Schleifen

[2] REFA Stuttgart Gebrauchstafeln für das Außenrundschleifen

[3] OPITZ, H., E. SALJÉ und K.E. SCHWARTZ Richtwerte für das Außenrund-Längs- und Einstechschleifen
Forschungsbericht des Wirtschafts- und Verkehrsministeriums Nordrhein-Westfalen, Nr. 324
Westdeutscher Verlag Köln und Opladen 1956

[4] SCHULER, H. und P.H. BRAMMERTZ Die Werkstückgüte beim Feindrehen und Feinschleifen und ihr Einfluß auf die Fertigungskosten
Industrieanzeiger H 97 (1958)
S. 1471 - 1480

[5] BRAMMERTZ, P.H. und E. KOHLHAGE Form- und Maßgenauigkeit beim Außenrund-Einstechschleifen
Industrieanzeiger H. 10 (1960)
S. 143 - 150

[6] SCHORSCH, H. Gütebestimmung an technischen Oberflächen
Wissenschaftliche Verlagsgesellschaft, Stuttgart 1958

[7] PAHLITZSCH, G. und J. APPUN Einfluß der Abrichtbedingungen auf Schleifvorgang und Schleifergebnis beim Rundschleifen
Werkstattstechnik und Maschinenbau H. 9 (1953), S. 396 - 403

[8] SCHWARTZ, K.E. Zerspanungsvorgänge und Scheifergebnis beim Abrichten mit Diamanten
Industrieanzeiger H. 11 (1958)
S. 145 - 150

[9] SALJE, E. Grundlagen des Schleifvorganges
1. Teil: Die Rauhtiefe beim Schleifen
Werkstatt und Betrieb (1953), H. 2, S. 45 - 56

[10] PEKLENIK, J. Untersuchungen über das Verschleißkriterium beim Schleifen
Industrieanzeiger, H. 27 (1958)
S. 397 - 402

[11] SCHWARTZ, K.E. Verschleißmessungen an Schleifscheiben
Industrieanzeiger 1956, S. 957 - 960

[12] BRÜCKNER, K.   Betrachtungen zum Verschleißvorgang beim Schleifen
Industrieanzeiger, Mai 1960, S. 553 - 558

[13] KRABACHER, E.J.   Factors influencing the performance of grinding wheels
ASME Preprint 1958, (58-SA-40)

[14] PAHLITZSCH, G. und H.O. ERNST   Untersuchungen über das Verschleißverhalten von Schleifscheiben
Industrieanzeiger H. 10 (1957) S. 229 - 235

[15] WITTHOFF, J.   Die Ermittlung der günstigsten Arbeitsbedingungen bei der spanabhebenden Formgebung
Werkstatt und Betrieb 85 (1952), S. 521 - 526

[16] WITTHOFF, J.   Der kalkulatorische Verfahrensvergleich
REFA-Buch, Band 5
Carl Hanser-Verlag, München, 1956

[17] SALJÉ, E.   Forschungsergebnisse beim Außenrundschleifen
Werkstattstechnik und Maschinenbau H. 3, (1953), S. 104 - 107

[18] OPITZ, H. und E. SALJÉ   Wirtschaftliche Zerspanbedingungen beim Schleifen
Werkstattstechnik und Maschinenbau H. 44 (1954), S. 483 - 489

[19] REIBER, E.   Bestimmung der Standzeit von Schleifscheiben sowie der Nebenzeit t_n für das Abrichten
Industrieblatt, H. 2, November 1949

[20] SCHWARTZ, K.E.   Die Bearbeitung zähharter, hochwarmfester Werkstoffe durch Schleifen
Industrieanzeiger, H. 53 (1955) S. 781 - 783

FORSCHUNGSBERICHTE DES LANDES NORDRHEIN-WESTFALEN

Herausgegeben durch das Kultusministerium

BAU · STEINE · ERDEN

HEFT 36
Forschungsinstitut der Feuerfest-Industrie, Bonn
Untersuchungen über die Trocknung von Rohton, Untersuchungen über die chemische Reinigung von Silika- und Schamotte-Rohstoffen mit chlorhaltigen Gasen
1953, 60 Seiten, 5 Abb., 5 Tabellen, DM 11,—

HEFT 37
Forschungsinstitut der Feuerfest-Industrie, Bonn
Untersuchungen über den Einfluß der Probenvorbereitung auf die Kaltdruckfestigkeit feuerfester Steine
1953, 40 Seiten, 2 Abb., 5 Tabellen, DM 7,80

HEFT 59
Forschungsinstitut der Feuerfest-Industrie e. V., Bonn
Ein Schnellanalysenverfahren zur Bestimmung von Aluminiumoxyd, Eisenoxyd und Titanoxyd in feuerfestem Material mittels organischer Farbreagenzien auf photometrischem Wege
Untersuchungen des Alkali-Gehaltes feuerfester Stoffe mit dem Flammenphotometer nach Riehm-Lange
1954, 52 Seiten, 12 Abb., 3 Tabellen, DM 11,60

HEFT 76
Max-Planck-Institut für Arbeitsphysiologie, Dortmund
Arbeitstechnische und arbeitsphysiologische Rationalisierung von Mauersteinen
1954, 52 Seiten, 12 Abb., 3 Tabellen, DM 10,20

HEFT 81
Prüf- und Forschungsinstitut für Ziegeleierzeugnisse, Essen-Kray
Die Einführung des großformatigen Einheits-Gitterziegels im Lande Nordrhein-Westfalen
1954, 54 Seiten, 2 Abb., 2 Tabellen, DM 10,—

HEFT 90
Forschungsinstitut der Feuerfest-Industrie, Bonn
Das Verhalten von Silikasteinen im Siemens-Martin-Ofengewölbe
1954, 62 Seiten, 15 Abb., 11 Tabellen, DM 11,90

HEFT 91
Forschungsinstitut der Feuerfest-Industrie, Bonn
Untersuchungen des Zusammenhangs zwischen Leistung und Kohlenverbrauch von Kammeröfen zum Brennen von feuerfesten Materialien
1954, 42 Seiten, 6 Abb., DM 8,30

HEFT 106
ORR. Dr.-Ing. W. Küch, Dortmund
Untersuchungen über die Einwirkung von feuchtigkeitsgesättigter Luft auf die Festigkeit von Leimverbindungen
1954, 60 Seiten, 10 Abb., 6 Tabellen, DM 11,40

HEFT 111
Fachverband Steinzeugindustrie, Köln
Die Entwicklung eines Gerätes zur Beschickung seitlicher Feuer von Steinzeug-Einzelkammeröfen mit festen Brennstoffen
1955, 46 Seiten, 16 Abb., DM 9,40

HEFT 127
Güteschutz Betonstein e. V., Arbeitskreis Nordrhein-Westfalen, Dortmund
Die Betonwaren-Gütesicherung im Lande Nordrhein-Westfalen
1955, 58 Seiten, 15 Abb., 3 Tabellen, DM 11,50

HEFT 142
Dipl.-Ing. G. M. F. Wiebel, Hannover, A. Konermann und A. Ottenheym, Sennelager
Entwicklung eines Kalksandleichtsteines
1955, 38 Seiten, 4 Abb., DM 8,—

HEFT 149
Dr.-Ing. K. Konopicky und Dipl.-Chem. P. Kampa, Bonn
I. Beitrag zur flammenphotometrischen Bestimmung des Calciums
Dr.-Ing. K. Konopicky, Bonn
II. Die Wanderung von Schlackenbestandteilen in feuerfesten Baustoffen
1955, 54 Seiten, 10 Abb., 5 Tabellen, DM 11,—

HEFT 180
Dr.-Ing. W. Piepenburg, Dipl.-Ing. B. Bühling und Bauing. J. Behnke, Köln
Putzarbeiten im Hochbau und Versuche mit aktiviertem Mörtel und mechanischem Mörtelauftrag
1955, 116 Seiten, 31 Abb., 68 Tabellen, DM 23,—

HEFT 213
Dipl.-Ing. K. F. Rittinghaus, Aachen
Zusammenstellung eines Meßwagens für Bau- und Raumakustik
1957, 96 Seiten, 17 Abb., 7 Tabellen, DM 19,80

HEFT 223
Dr.-Ing. K. Alberti und Dr. phil. habil. F. Schwarz, Köln
Über das Problem Hartbrand-Weichbrand
1956, 54 Seiten, 25 Abb., 14 Tabellen, DM 12,10

HEFT 231
ORR. Dr.-Ing. W. Küch, Dortmund
Über die Wechselwirkung zwischen Holzschutzbehandlung und Verleimung
1956, 48 Seiten, 10 Abb., 8 Tabellen, DM 10,40

HEFT 250
Dozent Dr. phil. habil. F. Schwarz und Dr.-Ing. K. Alberti, Köln
Entwicklung von Untersuchungsverfahren zur Gütebeurteilung von Industriekalken
1956, 36 Seiten, 9 Abb., 4 Tabellen, DM 16,50

HEFT 266
Fliesen-Beratungsstelle Bad Godesberg-Mehlem
Güteeigenschaften keramischer Wand- und Bodenfliesen und deren Prüfmethoden
1956, 32 Seiten, DM 7,10

HEFT 319
Prof. Dr. C. Kröger, Aachen
Gemengereaktionen und Glasschmelze
1957, 118 Seiten, 53 Abb., 16 Tabellen, DM 26,—

HEFT 370
Dr. phil. habil. F. Schwarz, Köln
Physikochemische Grundlagen der Bildsamkeit von Kalken unter Einbeziehung des Begriffes der aktiven Oberfläche
1958, 90 Seiten, 14 Abb., 16 Tabellen, 36 Titrationen DM 25,10

HEFT 398
Prof. Dr. habil. H. E. Schwiete und Dipl.-Ing. G. Geisdorf, Aachen,
Einlagerungsversuche an synthetischem Mullit I
Prof. Dr. habil. H. E. Schwiete, A. K. Bose und Dr. phil. H. Müller-Hesse, Aachen
Die Zusammensetzung der Schmelzphase in Schamottesteinen I
1957, 58 Seiten, 17 Abb., 17 Tab., DM 14,50

HEFT 399
Prof. Dr. habil. H. E. Schwiete und Dr.-Ing. R. Vinkeloe, Aachen
Möglichkeiten der quantitativen Mineralanalyse mit dem Zählrohrgerät unter besonderer Berücksichtigung der Mineralgehaltsbestimmung von Tonen
1958, 102 Seiten, 34 Abb., 1 Tabelle, DM 26,70

HEFT 402
Prof. Dr. habil. W. Linke, Aachen
Die Wärmeübertragung durch Thermopane-Fenster
1958, 30 Seiten, 17 Abb., 2 Tabellen, DM 10,80

HEFT 430
Prof. Dr. G. Garbotz, Aachen und Dr.-Ing. G. Dress, Cadiz
Untersuchungen über das Kräftespiel an Flachbagger-Schneidwerkzeugen in Mittelsand und schwach bindigem, sandigem Schluff unter besonderer Berücksichtigung der Planierschilde und ebenen Schürfkübelschneiden
1958, 142 Seiten, 81 Abb., DM 37,50

HEFT 453
Forschungsinstitut der Feuerfest-Industrie, Bonn
Die Arbeiten der technisch-wissenschaftlichen Kommission der PRE (Vereinigung der europäischen Feuerfest-Industrie)
1957, 62 Seiten, 9 Abb., 18 Tabellen, DM 14,75

HEFT 454
Dr.-Ing. W. Piepenburg, Dipl.-Ing. B. Bühling und Bauing. J. Behnke, Köln
Haftfestigkeit der Putzmörtel
1958, 130 Seiten, 6 Abb., 63 Tabellen, DM 28,30

HEFT 482
Dipl.-Ing. R. Pels-Leusden und Dr. K. Bergmann, Essen
Die Frostbeständigkeit von Ziegeln; Einflüsse der Materialzusammensetzung und des Brandes
1958, 70 Seiten, 31 Abb, 5 Tabellen, DM 20,45

HEFT 484
Prof. Dr. phil. habil. H. E. Schwiete und Dr. G. Franzen, Aachen
Beitrag zur Struktur des Montmorillonit
1958, 76 Seiten, 23 Abb., DM 22,—

HEFT 488
Prof. Dr. phil. habil. H. E. Schwiete, Aachen und Dipl.-Chem. H. Westmark, Recklinghausen
Beitrag zur Kennzeichnung der Texturen von Schamottesteinen
1958, 48 Seiten, 34 Abb., 7 Tabellen, DM 16,80

HEFT 528
Dipl.-Chem. Dr. P. Ney, Köln
Physikochemische Grundlagen der Bildsamkeit von Kalken unter Einbeziehung des Begriffs der aktiven Oberfläche
Dr. F. Schwarz, Köln
Kristallchemische Betrachtung der Bildsamkeit
1958, 96 Seiten, 34 Abb., 6 Tabellen, DM 26,75

HEFT 543
Prof. Dr. phil. habil. H. E. Schwiete, Dr. phil. H. Müller-Hesse und Dipl.-Ing. G. Gelsdorf, Aachen
Einlagerungsversuche an synthetischem Mullit. Teil II
1958, 28 Seiten, 5 Abb., 10 Tabellen, DM 10,—

HEFT 544
Prof. Dr. phil. habil. H. E. Schwiete, Dr.-Ing. A. K. Bose und Dr. phil. H. Müller-Hesse, Aachen
Die Schmelzphase in Schamottesteinen. Teil II
1958, 30 Seiten, 9 Abb., 12 Tab., DM 11,—

HEFT 545
Prof. Dr. phil. habil. H. E. Schwiete, Dr. rer. nat. G. Ziegler und Dipl.-Ing. Ch. Kliesch, Aachen
Thermochemische Untersuchungen über die Dehydration des Montmorillonits
1958, 48 Seiten, 16 Abb., 4 Tabellen, DM 15,40

HEFT 553
Prof. Dr. rer. pol. G. Garbotz und Dipl.-Ing. J. Theiner, Aachen
Untersuchungen der Walzverdichtungsvorgänge auf Lößlehm, Kies und Schotter
1959, 286 Seiten, 208 Abb., DM 58,—

HEFT 559
Prof. Dr. phil. habil. H. E. Schwiete und Dipl.-Chem. R. Gauglitz, Aachen
Die Verflüssigung von Montmorillonitschlämmen
1958, 66 Seiten, 15 Abb., 5 Tabellen, DM 19,30

HEFT 634
Institut für Ziegelforschung Essen e. V., Essen-Kray
Verminderung der Streuungen, der Festigkeit und der Sprödigkeit von Ziegeln
1958, 94 Seiten, 36 Abb., 18 Tabellen, DM 24,30

HEFT 643
Max-Planck-Institut für Silikatforschung, Würzburg
Spannungsmessungen an Schleifkörpern
1958, 38 Seiten, 22 Abb., DM 11,70

HEFT 651
Dr.-Ing. A. Eisenberg, Dortmund
Versuche zur Körperschalldämmung in Gebäuden
1958, 26 Seiten, 20 Abb., DM 8,10

HEFT 688
Prof. Dr. H.-E. Schwiete und Dipl.-Ing. A. Schüffler, Aachen
Entwicklung einer elektrisch beheizten Apparatur zur Messung von Wärmeleitfähigkeiten feuerfester Materialien bei hohen Temperaturen
1959, 42 Seiten, 16 Abb., DM 11,60

HEFT 689
Prof. Dr. H.-E. Schwiete und Dipl.-Chem. H. Westmark, Aachen
Die Wärmeleitfähigkeit feuerfester Steine im Spiegel der Literatur
1959, 54 Seiten, 35 Abb., DM 16,30

HEFT 695
Dr.-Ing. W. Herding, München
Die Fahrdynamik und das Arbeitsspiel gleisloser Erdbaugeräte als Kalkulationsgrundlage für die Bodenförderung und ihre Kosten
1960, 178 Seiten, 89 Abb., 18 Tabellen, DM 49,—

HEFT 711
Dr.-Ing. K. Alberti, Köln
Einfluß der chemischen Zusammensetzung des Anmachewassers auf die Festigkeit von Kalkmörteln
1959, 50 Seiten, 4 Abb., 20 Tabellen, DM 13,10

HEFT 713
Dr.-Ing. E. Menzenbach, Aachen
Die Anwendbarkeit von Sonden zur Prüfung der Festigkeitseigenschaften des Baugrundes
1959, 216 Seiten, 190 Abb., 24 Tabellen, DM 52,—

HEFT 734
Dipl.-Ing. H. Adam, Hannover
Arbeitstechnische und arbeitsphysiologische Untersuchungen zur Erleichterung der Maurerarbeit
1959, 56 Seiten, 15 Abb., mehr. Tab., DM 15,60

HEFT 843
Dipl.-Chem. W. Schmidt, Dipl.-Chem. E. Köhler und Dipl.-Ing. W. Schmidt, Bonn
Flammenspektrometrische Alkalibestimmung im Korund
1960, 13 Seiten, 2 Abb., 1 Tabelle, DM 5,50

HEFT 844
Prof. Dr.-Ing. O. Kienzle und Dipl.-Ing. K. Greiner, Hannover
Festigkeitsuntersuchungen an Klebverbindungen zwischen Schleif- und Tragkörpern
1960, 126 Seiten, 47 Abb., 19 Schaubilder, DM 35,—

HEFT 903
Prof. Dr.-Ing. B. Renfert, Baurat Dipl.-Ing. K. Heisig und Dipl.-Ing. J. Thelen, Aachen
Untersuchungen über Bodenverfestigung des Untergrunds zur Feststellung der technischen und wirtschaftlichen Auswirkungen auf den Unterbau bzw. auf die Straßenbetonfahrbahnplatten, sowie Untersuchung flexibler Deckenkonstruktionen auf verschiedenen Unterbauarten

---

Ein Gesamtverzeichnis der Forschungsberichte, die folgende Gebiete umfassen, kann bei Bedarf vom Verlag angefordert werden:

Acetylen / Schweißtechnik – Arbeitspsychologie und -wissenschaft – Bau / Steine / Erden – Bergbau – Biologie – Chemie – Eisenverarbeitende Industrie – Elektrotechnik / Optik – Fahrzeugbau / Gasmotoren – Farbe / Papier / Photographie – Fertigung – Gaswirtschaft – Hüttenwesen / Werkstoffkunde – Luftfahrt / Flugwissenschaften – Maschinenbau – Medizin / Pharmakologie / Physiologie – NE-Metalle – Physik – Schall / Ultraschall – Schiffahrt – Textiltechnik / Faserforschung / Wäschereiforschung – Turbinen – Verkehr – Wirtschaftswissenschaften.

If you have any concerns about our products,
you can contact us on
ProductSafety@springernature.com

In case Publisher is established outside the EU,
the EU authorized representative is:
**Springer Nature Customer Service Center GmbH
Europaplatz 3, 69115 Heidelberg, Germany**

Printed by Libri Plureos GmbH
in Hamburg, Germany